U0224205

天工开物丛书

窑火唤彩
——中国古代瓷器制作术

陈克伦　叶倩／著

文物出版社

图书在版编目（CIP）数据

窑火唤彩：中国古代瓷器制作术 / 陈克伦, 叶倩著.
-- 北京：文物出版社, 2017.8
（天工开物 / 王仁湘主编）
ISBN 978-7-5010-5186-1

Ⅰ.①窑… Ⅱ.①陈… ②叶… Ⅲ.①古代陶瓷－生
产工艺－中国 Ⅳ.①TQ174.6-092②K876.3

中国版本图书馆CIP数据核字(2017)第177673号

窑火唤彩
——中国古代瓷器制作术

主　　编：王仁湘
著　　者：陈克伦　叶　倩
责任编辑：徐　旸
特约编辑：张征雁
装帧设计：李　红
责任印制：张　丽
出版发行：文物出版社
社　　址：北京市东直门内北小街2号楼
邮　　编：100007
网　　址：http://www.wenwu.com
邮　　箱：web@wenwu.com
经　　销：新华书店
制版印刷：北京图文天地制版印刷有限公司
开　　本：889 × 1194　1/32
印　　张：4.375
版　　次：2017年8月第1版
印　　次：2017年8月第1次印刷
书　　号：ISBN 978-7-5010-5186-1
定　　价：45.00元

天工人巧开万物（代序）

天之下，地之上，世间万事万物，错杂纷繁，天造地设，更有人为。

事物都有来由与去向，一事一物的来龙去脉，要探究明白并不容易，而对于万事万物，我们能够知晓的又能有多少？

"天覆地载，物数号万，而事亦因之，曲成而不遗，岂人力也哉？事物而既万矣，必待口授目成而后识之，其与几何？"这是明代宋应星在《天工开物》序言中的慨叹，上天之下，大地之上，物以万数，事亦万数，万事万物，若是口传眼观认知，那能知晓多少呢？

知之不多，又想多知多识，实践与阅读是两个最好的通道。我们仿宋应星的书义，又借用他的书名，编写出版这套"天工开物"丛书，其用意正在于开出其中的一个通道，让万事万物逐渐汇入你我他的脑海。

宋应星将他的书名之为《天工开物》，书名分别来自《尚书·皋陶谟》"天工人其代之"及《易·系辞》"开物成务"。《天工开物》被认为是世界上第一部关于农业和手工业生产的综合性著作，是中国古代的一部科学技术著作，国外学者称之为"中国17世纪的工艺百科全书"。以一人之力述万事万物，其中的艰辛可想而知。当初宋应星还撰有"观象""乐律"两卷，因道理精深，自量力不能胜，所以不得已在印刷时删去。万事万物，须得万人千人探究才有通晓的可能，知识才有不断提升的可能。

天工开物，是借天之工，开成万物，创造万物，如《易·系辞》所言，谓之"曲成万物"，即唐孔颖达所说的"成就万物"，亦即宋应星说的"人巧造成异物"。

认知天地自然，知万物再造万物。是巧思为岁月增添缤纷色彩，是神工为世界改变模样。每个时代都拥有它的尖端技术，这些技术不断提升变革，就有了现代的超越，有了现代化。这样的现代化也不会止步，还要走向未来。

科学技术是时代前进的杠杆，巧匠能工是品质生活的宗师。在我们这个古老的国度，曾经有过许多的发明与创造，在天文学、地理学、数学、物理学、化学、生物学和医学上都有许多发现、发明与创造。

我们有指南针、火药、造纸和印刷术四大发明，还有十进位制、赤道坐标系、瓷器、丝绸、二十四节气等重大发明。古代的发明与创造，随着历史的脚步慢慢远去，是不断面世的古代文物让我们淡忘的记忆又渐渐清晰起来。这些历史文物，这些古代的中国制造，是我们认知历史的一个个窗口。

对一个历史时代的认识，最便利的入口可能就是一件器具，一种工艺，甚至是某种图形或某种味道。让我们一起由这样的入口认知历史文化，领略古人匠心，追溯万物源流，这也是一件很快乐且有意义的事情吧。

2017年8月

目录

导言

中国是世界四大文明古国之一，具有广袤的土地、丰富的物产、悠久的历史和灿烂的文化。三千多年来，中国人民辛勤劳作，不断探索，创造出一个又一个奇迹。造纸术、印刷术、指南针、火药的出现和传播，促进了物质文化史的大发展，推动了人类文明的飞跃。沐浴在四大文明光环中的人们不应该忘记另一项中华民族的伟大创造，一项和我们生活息息相关、融实用与审美于一体、工艺史和艺术史的奇葩——瓷器。它是水、火、土的完美结合，是人类想像力和创造力的最好体现，是自然与人文交汇的结晶，是历代工匠利用和驾驭自然力的产物。瓷器凝结了我们祖先的智慧与心血，满足了社会生活的需要，积聚了时代与民族的精华，成为中国乃至世界科技、工艺、文化史上的一项伟大发明，成为外国语汇里中国的代名词。瓷器吸收了其他工艺的成就，根据自身特点加以融会贯通，将"形""意"之美发挥得淋漓尽致。两千年来精彩纷呈，一路辉煌璀璨，展现了中华民族博大而精深的精神世界和审美情怀。

瓷器工艺技术史

第一章

瓷器工艺技术史

"千锤万凿出深山，烈火焚烧若等闲"，这两句明代于谦咏石灰的诗句用在形容瓷器的诞生上也恰如其分。从山中挖掘原料到窑炉中烧成器物，需要耗费大量的人力、物力。瓷器的诞生是个漫长的过程，新石器时代制陶技术的高度发达为瓷器的产生奠定了物质和技术基础。从陶器到瓷器的飞跃需要实现三大突破：瓷土的应用、釉的发明和窑炉的改进。公元前 16 世纪的商代早期，中国出现了原始青瓷，这是一种既与陶器截然不同、又稍逊于真正瓷器的新器物，它的出现表明世界陶瓷发展史上的标志——瓷器已经开始萌芽。原始青瓷经过西周、春秋数百年的发展，到战国时期其制作水平已经很高，胎釉俱佳，可以说已经即将踏进真正瓷器的门槛。由于历史的原因，战国中期以后原始瓷的发展突然停滞，延缓了中国瓷器诞生的时间。又经过400多年，到东汉中晚期浙江地区烧造的青瓷，达到了现代瓷器的各项标准，标志着瓷器创制过程的完成。

瓷器是最能体现人类技术能力和人文情致的人工创造物。它是巧妙利用和驾驭自然力的技术成就，也是满足社会生活需要的物质财富，还是寄托和比附品格的文化载体。

青瓷的釉色如玉似冰，迎合了中国古代士人"以玉比德""清高孤傲""不入俗流""冰清玉洁"的品格。白瓷的如银似雪，也符合有识之士清白做人，不同流合污的气节。青花瓷蓝白色调所充盈的雅致，不仅延续了千年，还深受域外文化的欢迎。彩绘瓷器以器物表面作绘画的载体，使传统的二维艺术有了立体的效果。五彩缤纷的各类色釉，不仅将色彩和色调的变幻多姿表达得淋漓尽致，还可以将其他的材料的质感模拟得以假乱真。这就是中国古代瓷器的奇妙。它的魅力说不完、道不尽。只有真正接触它，使用它，欣赏它，甚至亲手制作它，才能慢慢地体会和品味。它赋予不同的主体以不同的感受，它的美丽既是有目共睹，也是各有所得的。宽厚博大的中国人将这种美丽器皿带到了世界各地，所到之处便牢牢吸引住人们的眼球，引起人们竞相追捧。对它们的模仿也促进了各地制瓷业的发展和文化的繁盛。可以说，瓷器的魅力形成了全球效应，它源于中国，但是属于全世界。

一 瓷器的诞生

唐代诗人皮日休赞美瓷器的诗句"圆似月魂坠，轻如云魄起"，概括出瓷器清雅、飘逸、晶莹、圆润的品格。与陶器相比，瓷器胎质细腻，釉色莹润，低吸水率，原料中不含有毒的成分，不会对人体产生危害；瓷器的表面光润，不易受污染，并且容易清洗；瓷器的质地脆硬，敲打下可以发出悦耳的声响；瓷器的手感光滑圆润，和肌肤触碰不会有刺扎的感觉；不怕腐蚀，久不褪色，美观大方，经久耐用，为工艺史上难得一见的不漏、不污、不朽之佳器。这些优点，使得它与其他工艺品相比拥有了较为优越的地位。不论是老百姓们的衣食住行，还是文人雅士的琴棋书画，瓷器的身影随处可见。它不仅是生活用具和审美对象，也是陶冶情操、抒情言志的载体。两千年来，瓷器在人们的生活中始终占据不可替代的位置。

任何创造的出现都是基于某种需求。瓷器是在制陶工艺长期发展的基础上诞生的。原始社会时期人们用石器、骨器、木器等作为工具进行劳作。当时肉类是主要的食物，可以直接放在火上烤熟。但是原始种植业产生以后，人们发现谷物并不能直接放在火上烤。旧石器时代后期，先民偶尔发现黏土在火中烧过后变得坚硬，可以作容器用来煮熟谷物，并且黏土又可以根据需要随意赋形，由此萌发了有意识的制作行为，制陶技术的出现成为人类进入新石器时代的重要标志之一。随着制陶技术的逐渐成熟和不断完善，人们又发现陶器有材质粗糙、吸水率高、较易破碎的弱点，于是，人们在制陶原料、烧窑技术方面进行改进，终于在新石器时代后期烧制成功质地较为坚硬的印纹硬陶，继而在商代早期成功烧制出原始青瓷，向着瓷器迈出了第一步。

由陶器发展为瓷器主要在三个方面实现了质的飞跃：原料、釉和温度。原料的改良使得坯体能够承受更高的温度，釉的发明使得器物的表面物理性质得到提高，温度的升高使得原料能充分烧结，三个方面都是瓷器形成的必备条件。

1. 原料的改良

制陶的原料为一般的黏土，未经或者经过简单的淘洗，含有较多的氧化铁、镁之类的杂质，助熔剂含量比较高，不能承受较高温度的烧制。人们在长期制作陶器的过程中发现，有些原料制成的陶坯能在较高的温度中烧成，比较坚实耐用，于是就有意识地利用这种原料，这就是我们所说的"瓷石"，是花岗岩一类的岩石受热液作用和风化作用而形成的。由于母岩的种类差异、风化程度不同，不同矿场瓷石的化学成分会有较大差别。瓷石经过粉碎得到瓷土，它是制作瓷器坯胎的基本原料。瓷土还要经过淘洗和精炼，才能承受1200℃的高温。经分析，这种原料的成分中氧化铝的含量有所增加，提高了胎体的耐火性，而氧化铁等影响耐受高温能力和呈色作用的杂质的含量则大大降低，在高温中可以烧成更多的莫来石晶体和玻璃相，使得胎体白度和透光性得到很大的改善。

2. 釉的发明

釉是瓷器表面一层光亮的物质，它可以使器物表面更加致密，避免胎体受到污染，也使得器物表面光洁美观，易洗易洁。釉也是瓷器区别于陶器的主要特征之一。釉的发明也是出于偶然，先民在烧制陶器的过程中，植木焚烧后的灰烬落在器物的口沿、肩部等表面，经过高温会形成一种透明光亮的物质。此外，在长期使用的窑炉炉壁上也因为植物灰烬而附着一层厚厚的"窑汗"，这些都是釉的雏形。先民们可能受到这种现象的启发，经过长期实践，终于发明了釉。最早的釉只是在瓷土中加入植物灰，其所含的钙、钾、钠等物质有助融作用，在高温下可以使瓷土中的氧化硅很容易形成玻璃态。以后，逐渐发展到加入石灰质黏土、石灰石，主要是以碳酸钙和少量磷酸钙形式作为二氧化硅的助熔剂。为了减少草木灰中的杂质，工匠们又经过多次尝试，最终使得釉的配方固定下来。这就是釉发明的整个过程。

3. 温度的提高

烧成温度也称火候，它是瓷器诞生的外因之一。瓷器的烧成需要约1200℃的高温，窑炉结构对于温度的提高有着决定性意义。陶窑产生之前，人们直接在地面上堆烧陶器，烧成温度通常在800℃以下。

新石器时代黄河流域、河北、内蒙古等地发现百余座窑炉，结构都比较原始，温度最高只能达到 900～1050℃之间。2010 年在浙江湖州南山窑址发现了夏商之际的原始龙窑，这是目前发现最早的龙窑。经过商代和西周时期的发展，春秋战国时期龙窑结构逐渐趋于成熟，这直接导致原始瓷器以及以后成熟瓷器的产生。龙窑呈长条形，通常建在山坡上，利用山体坡度造成的自然抽力使得温度迅速提升，为瓷器的成功烧造奠定了基础。

陶与瓷都是火的艺术。但是瓷器与陶器相比，更经得起高温的煅炼，质地更致密，更坚固。火造就了瓷器，给了瓷器以生命。从陶器到瓷器是一个漫长的发展过程，出现了不少中间态的产品，最重要的有白陶、印纹硬陶和原始瓷。它们分别扮演着重要的角色。

（1）白陶

白陶是新石器时代出现一种陶器，其中一部分器物所用的原料是含有较高氧化硅、较少杂质的黏土，经过淘洗、炼制，所含铁元素等杂质大大减少，胎体白度提高，烧成的陶器我们称之为白陶（图1）。在新石

图1 商 白陶罍

图2 春秋 印纹硬陶把杯

图3 春秋 烧塌的印纹硬陶罐

器时代晚期，北方有的地区制作白陶用的是"坩子土"，实际上就是可以烧制瓷器的瓷土。虽然在原料上获得了很大的改进，但是其烧制仍然未达到胎体烧结的温度，因此依然是陶器。

（2）印纹硬陶

大约出现在4000年前东南沿海地区的印纹硬陶是陶器中的佼佼者，其胎已开始用瓷土类黏土制作，能在1000℃以上的温度中烧成，胎质致密、坚硬，器物表面一般有拍印的几何形纹饰，故有"几何纹印纹硬陶"之称（图2）。虽然它的胎料优于普通陶器，但其所含的杂质仍然较高，因此还是经受不了1200℃以上的高温，在高温中容易烧塌（图3）。

（3）原始瓷器

在3500多年以前的商代早期，出现了比陶器明显进步的原始瓷。它是陶瓷向瓷器过渡的原始形态，是瓷器的低级阶段。与一般陶器相比，它的原料选用了含有较少杂质的瓷土，氧化铁含量降低。与白陶和印

纹硬陶相比，它的烧成温度进一步提
高，胎体更为坚致，器物表面施一层
高温钙釉。商代是原始瓷器的初始阶
段，其胎尚欠坚欠实，其釉则厚薄不
匀，显示出较多的原始性（图4）。经
过西周时期的发展（图5），春秋以降
原始瓷得到快速发展（图6），特别是
战国时期中国江南地区生产的原始瓷
器，其形也规整，其胎也坚实，其釉
也匀薄，其色也清亮，距真正的瓷器
只有一步之遥。浙北、苏南地区出土
的原始瓷是这一时期的代表（图7）。

（4）瓷器的出现

20世纪70年代，在浙江上虞小仙
坛发现了东汉时期的瓷窑，出土的瓷
片标本显示其质量比原始瓷有较大的
提高，科学测试数据表明，它已经具
备现代瓷器的基本要求（图8）。本世
纪初，在浙江上虞大圆坪窑址也发现
了相似的标本（图9）。在江苏邗江东

图4 商 原始瓷尊

图5 西周 原始瓷罍

图6 春秋 原始瓷簋

图8　东汉　青瓷标本
　　（上虞小仙坛窑址出土）

图7　战国　原始瓷鼎

图9　东汉　青瓷标本（上虞大
　　圆坪窑址出土）

图10　东汉　熹平四年（175年）青釉
　　绳索纹罐（浙江奉化出土）

汉永平十年（公元67年）甘泉二号汉墓出土的青瓷是目前所见最早的汉代青瓷。浙江奉化东汉熹平四年（175年）墓出土中发现了一件绳索纹青瓷罐，该罐胎质细腻，釉色青绿，施釉不及底，其胎釉的质量与上虞发现的标本类似（图10）。由此可以证明，青瓷出现在公元100年左右，到东汉中晚期，随着原料制备技术的提高，胎和釉更为纯净，龙窑结构的改进进一步提高了烧成温度。在技术进步的基础上，浙江上虞等地已经出现了完全成熟的青瓷。成熟的瓷器从成分构成和外观上与原始瓷相比都有了明显的改进，具备了现代瓷器的各种特征。在此后两千年的发展过程里，制瓷工匠在实践中不断改进练泥、制胎、施釉技术，完善窑炉结构，发明新的装烧工具，扩大产量，提高质量，使得中国的瓷器制造业不断推陈出新，发展壮大。

二　制瓷工艺发展史

　　从柔软的泥土变为具有一定外形、体积和美感的瓷器，需要经历多道工序，凝结许多劳动。清代唐英所写的《陶冶图说》中对于景德镇御窑厂制瓷流程有着详细的介绍。

　　两千年来中国制瓷业不断推陈出新，辉煌灿烂，主要依赖于对胎、釉、温度这三个基本元素的改良。原料配方的形成和固定，施釉技术的完善和发展，温度和烧造气氛的控制和把握，从内外两个层面上直接决定了瓷器的物理和化学性征。

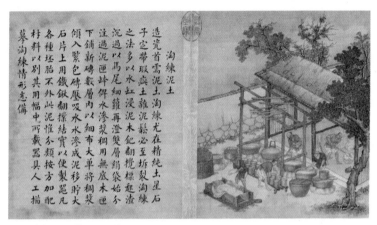

图11 《陶冶图说》之 "淘练泥土"

1. 原料的精炼

原料的选择与淘洗是制瓷的关键步骤。南、北方由于地理造成的物候差异，选择的制瓷原料也有所区别。南方早期瓷胎以高硅低铝的瓷土为主，从最初的瓷石质粘土，发展为瓷石，以后又在瓷土中加高岭土配方；北方瓷胎以高铝低硅的高岭土或高铝质沉积粘土为主。原料经过粉碎、过筛和几次淘洗、沉淀，尽可能去除较粗的颗粒和杂质，再经过反复的踩踏、揉搓，制成纯净、具有延展可塑性的制胎坯料（图11）。

2. 施釉技术的发展

釉是瓷器区别于陶器的显著特征之一，根据成分配比的不同，有

炼灰配釉

陶製各器擡釉是需而一切釉水無灰
不成其竈灰出樂平縣在景德鎮南百
四十里以青白石與鳳尾草送墨窯煉
用水淘細即成釉灰配以白不細泥典
釉灰調和成漿稀稠等各按瓷之種
類以成其方加減鹹注之具其名曰盈如
鐵鍋之耳以為上品之釉五而灰一盈
泥十盈灰二三為中品之釉平對八
而灰二三則成粗釉圖中缸內所浮
之鍋即盆是也或灰多於泥則成

图12 《陶冶图说》之"炼灰配釉"

石灰釉和石灰碱釉之分。三国两晋、南北朝直至北宋时期的瓷器基本
上都属于石灰釉系统，由石灰石、草木灰或釉灰（石灰石与狼尾巴草
或凤尾草层叠烧炼数次后，经陈腐而成）与瓷石（北方用黏土）按一
定比例配制而成，由于草木灰、石灰的用量较多，故氧化钙的含量相
对较高，光泽好，透明度高。釉料中含有的铁、钛、锰等元素对釉的
呈色都有一定的影响。由于石灰釉的高温粘度比较小，在高温下容易
流淌，因此施釉一般较薄。南宋以后出现石灰－碱釉，增加了瓷石的
用量而减少了草木灰和石灰的用量，因此氧化钙的含量大大降低，而
氧化钾、氧化钠等含量明显提高。石灰－碱釉在高温中粘度较大，不
易流淌，可以重复施釉，以烧制釉质肥厚、饱满的瓷器（图12）。

历代制瓷工匠根据不同的器形、釉料和施釉效果，采用了不同的施釉方法。从战国到明清之前大多使用浸釉法，即将坯体浸入釉浆中片刻后取出，利用坯体的吸水性使得釉浆均匀地附着在瓷坯表面。这种方法适用于厚胎坯体以及碗、杯类制品。长方形有棱角的器物则使用刷釉法，用毛笔或刷子蘸取釉浆涂在器物表面。一些大型器物则采用浇釉法，在盆中架一木板，将坯体放在木板上，用碗或勺舀取釉浆泼浇在器物上。盘、碟等扁平状器物可采用轮釉法，将坯体放在旋转的轮子上，用勺舀取釉浆倒入坯体中央，利用离心力使得釉浆均匀散开附在器物表面，多余的釉浆则飞散到坯体外。宋代吉州窑还有洒釉法，在坯体上先施一层釉，再将另一种釉料洒在其上，两种釉色相交织，形成不同釉色对比的纹理。明清时期的景德镇又发明了吹釉法，用一端蒙上纱布的竹管蘸取釉浆，对准坯体吹釉，一些大型、薄胎的颜色釉制品都采用吹釉法。明代宣德和清代康熙时期流行的高温颜色釉品种"洒蓝釉"也是用吹釉法上釉的，它可以在瓷器表面形成均匀的蓝色斑点，别具一格（图13）。

3. 窑炉的改进

有了瓷土和石灰釉，能够得到足够温度和保持适当气氛的窑炉成为瓷器生产最关键的一步。窑炉的结构影响烧成的温度和气氛，决定了瓷器烧造的成败与质量的优劣。南方早期青瓷的创烧归功于龙窑的发明。北方因地制宜采用半倒焰式馒头窑。清初景德镇出现"形如覆瓮"

蘸釉吹釉

圆琢各器凡青花与官哥汝等均须上
釉入窑上釉之法古制将琢器之方长
稜角者用毛笔捐釉萦每失杖不匀之
病惟圆器及浑圆之琢器俱在缸内蘸
釉其大小圆器与圆器大小惟琢器大件
其琢器又失体重多破故全器倍蘸
难得今惟圆器与琢器之小者仍托于缸内蘸
寸竹筒截长七寸头蒙细纱蘸釉以吹
俱视坯之大小与釉之等类别其吹
遍数有自三四遍至十七八遍者此吹
蘸而由分也

图13 《陶冶图说》之"蘸釉吹釉"

的蛋形窑，为官窑瓷器的发展提供了有力的技术支撑。

（1）龙窑

龙窑多见于中国南方，因形似龙而得名，是南方主要的窑炉类型。龙窑在中国有悠久的历史，浙江地区夏代晚期商代早期就开始出现原始龙窑，春秋战国时期龙窑被广泛使用并基本定型，至宋代龙窑的结构达到完善。龙窑多依山而建，与地平线构成 10°～20°的倾角，利用山体坡度形成自然抽力。通常窑头角度较大，约 20°，有利于预热和升温，中部约 15°，尾部约 11°，有利于保温。龙窑窑尾基本不设烟囱，或者有一个不高的烟囱，倾斜的窑身实际上起着烟囱的作用。龙窑一般长约 20～80 米，宽约 1.5～2.5 米，高约 1.6～2 米。炉顶呈拱形。窑身两侧的上部各有投柴孔一排，供烧窑过程中投放燃料之用。窑身

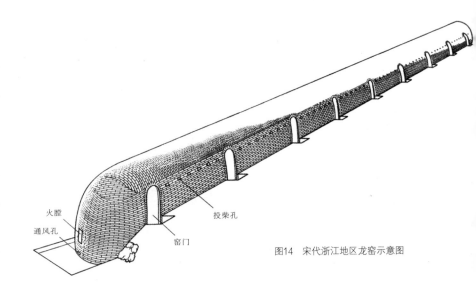

火膛

通风孔

投柴孔

窑门

图14 宋代浙江地区龙窑示意图

两侧各有窑门 2～4 个，供装坯和出产品之用。在热能的利用方面，龙窑有效地利用了烟气热量，使废气热损降至极小，从而提高了燃烧温度。龙窑具有结构简单、热效率高、装烧量大、单件燃料消耗少、生产周期短等优点。龙窑通常以木柴、茅草为主要燃料，大多烧还原焰（图14）。

（2）馒头窑

馒头窑是中国北方传统的窑炉，因其火膛和窑室合为一个馒头形的空间而得名，亦名圆窑。西周已经出现，唐代发展为半倒焰窑，宋代出现全倒焰窑，标志着馒头窑已臻成熟。馒头窑源自火膛与窑室连为一体的升焰窑，以后窑顶封闭，在窑底的一侧窑壁上开孔排烟，并在与火膛相对的后壁外加砌竖烟道与排烟孔相通。点火后，火焰自火膛先喷至窑顶，因窑顶没有出路而倒向窑底，流经坯体，使坯体烧熟，烟气则经排烟孔从竖烟道排出。馒头窑燃料以煤为主，可烧还原焰或氧化焰，烧成温度可达 1300℃。馒头窑的结构扩大

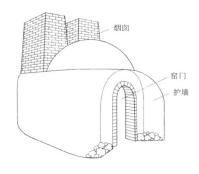

图15 北宋陕西地区馒头窑示意图

了燃烧室和烟囱，更利于控制温度。陕西地区宋代耀州窑使用的就是典型的馒头窑（图15）。

（3）蛋形窑

蛋形窑因似平卧着的半个鸡蛋而得名，亦名柴窑，是景德镇传统的窑炉形式。它前端高而宽，逐渐向窑尾收缩，尾部有独立烟囱。窑身长 15～20 米，窑前部最高最宽处约为 5 米，窑底自前向后逐渐倾斜向上，构成约 30°的坡度。蛋形窑的特点是容积较大，窑墙较薄，蓄积热损较少，热效率高，能同时利用不同窑位的不同温度烧制不同的品种，提高了容积利用率；它以木柴为燃料，烧还原焰。蛋形窑的结构便于控制气氛，使得受热更为充分和均匀。自明清以来，景德镇能够集中国历代瓷器之大成，开创了中国瓷器发展史上百花齐放的黄金时代，是和蛋形窑有密切的关系（图16、17）。

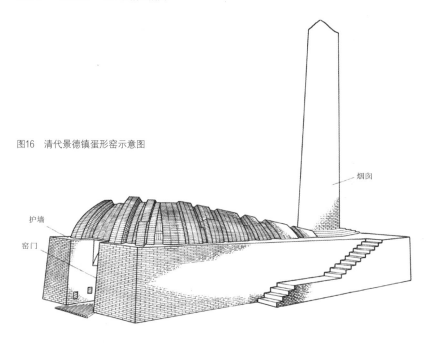

图16 清代景德镇蛋形窑示意图

4. 装烧技术和窑具的发展

器物成型、上釉之后，还要放入窑炉中烧成。装烧方法和装烧工具直接影响着产量和质量，也影响着瓷器釉色和光泽。

瓷器的装烧技术主要有正烧和覆烧两种。正烧又称仰烧，是将坯体口向上放入窑内烧成，它是覆烧法发明前主要的烧成方法。覆烧是把器物反扣在窑具上的支烧法。南朝已经出现覆烧法，通常采用对口叠烧的方法，这样可以避免在器物内出现叠烧留下的支痕。北宋定窑采用的支圈覆烧技术非常典型，大大提高了瓷器的装窑量，降低了烧造的成本，迅速为周边窑场所效仿，南宋时期南方许多窑场在烧制青白瓷时也采用定窑的覆烧工艺。除此之外，还有垫烧、

成坯入窑

窑制长圆形如覆瓮高宽时丈许深长
倍之上覆大瓦屋名为窑桐其烟突圆
圆高二丈馀在后窑桐之外瓷坯既成
装以匣钵送至窑户家入窑时以匣钵
叠累草套分行排列中间疏散以通火
路其窑火有前中后之分前火烈中大
缓后火微凡安放坯胎者量釉之软硬
以配合窑位俟坯胎者满足始为装火随
将窑门砖砌止留一方孔将松柴投入
火窑一昼夜始开片刻不停俟窑内匣钵作银红色时止

烧坯开窑

瓷器之成窑火是赖计入窑至出窑类
以三日为率至第四日清晨开窑其窑
中套装瓷器之匣钵尚带紫红色人
不能近惟开窑之匠用布十数层制
成手套蘸以冷水护之复用湿布包
裹头面肩背方能入窑搬取瓷器瓷
器既出乘热窑烘焙可免火後新坯因新坯
潮湿就热窑烘焙可免火後新坯
漏之病窑内摆集为现在烧窑其搬运
出窑肩运柴片为现在烧窑其搬运
出窑肩运柴片未详绘也

图17 《陶冶图说》之"成坯入窑""烧坯开窑"

　　叠烧、套烧、支烧等各种方法，都是窑工们为了增加产量或者提高烧成质量所作的尝试。

　　由于装烧方法的不同，衍生出许多装烧的工具，也就是我们所说的窑具，主要有垫柱、垫饼、垫圈、支钉、支圈、匣钵等，它们都是用耐火材料做成的，这里我们选几种简单介绍。

窑具按照功能主要可分为支烧具和间隔具两种。支烧具在焙烧时用于支承器物，主要有筒形、喇叭形、钵形、盆形几种，它可以将器物支托到最佳窑位，提高产品的质量和成品率。支烧具它出现于战国时期，三国两晋南北朝普遍流行，直到匣钵出现后才逐渐停用。间隔具主要是器物与器物间、或者器物与匣钵间起间隔作用的窑具，主要有托珠、垫饼、垫圈、支钉、支圈等（图18）。托珠呈圆形，通常置于两件器物之间，由于其接触面较小，烧成以后较易剥脱；垫圈呈环形，上、下面较平整，直径略小于所承器物的足（底）径，厚度随着时代和间隔器物的不同而有差别，它出现于东汉晚期以后，优点是接触面小，用料少，支点均匀，稳定性好，取放方便，缺点是加工费时，容易损坏，与垫圈接触处不能施釉；支钉多用于叠烧，有的做成锯齿形支具，有的在垫饼等间隔具上加贴泥钉，或者用黏土做成泥钉直接贴在器物的底、足。泥钉数量3～12颗不等。支钉出现于三国两晋南北朝，它接触器物釉面时不易粘连，但是会留下支钉痕。支圈呈圆圈形，圈内侧有垫阶，截面为"L"形，主要用于覆烧，使用时将口沿无釉的器物扣置在支圈内的垫阶上，在支圈上叠置一个相同规格的支圈，再扣置器物，依次上叠。支圈始创于北宋定窑，北方其他窑系相继效仿，南宋时景德镇窑也开始采用，具体形式有一

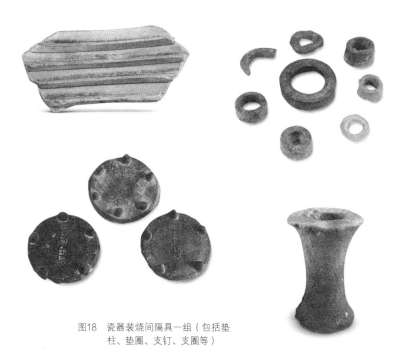

图18 瓷器装烧间隔具一组（包括垫
柱、垫圈、支钉、支圈等）

定差别。支圈覆烧对于器物胎体可以做得轻薄、减少变形、保证质
量、提高产量均有明显效果，其弊端是器物口沿无釉涩口，不利于使
用（图19）。

各类窑具中，有一种要特别加以介绍，就是匣钵。它是放置瓷坯
的窑具，有筒形、漏斗形、"M"形、碗形等，它的作用是使得瓷器
在烧制过程中受热均匀，且与窑火隔绝，避免釉面受到烟尘、落渣的
污染，同时还可以充分利用窑炉的竖向空间，扩大和升高窑室。匣钵

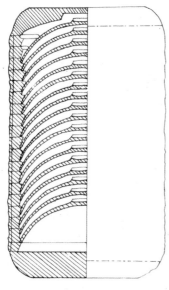

图19 定窑覆烧示意图

图20 南朝 洪州窑匣钵（江西丰城出土）

图21 唐 越窑瓷质匣钵

在提高瓷器的烧成质量，扩大产量和减少烧制成本等方面发挥了巨大的作用。匣钵最早见于南朝，江西丰城洪州窑（图20）、湖南岳州窑等都是早期使用匣钵的窑场。晚唐时期浙江慈溪上林湖越窑所使用的瓷质匣钵（图21）是非常特殊的种类，一器一匣，接口处涂釉密封，形成密闭空间，这样可以避免开窑冷却时釉面的二次氧化，以保证釉色的青纯明亮（图22）。瓷质匣钵的发明对于秘色瓷的烧造成功发挥了至关重要的作用。

5. 制瓷工艺的发展

制瓷工艺主要可分为成型工艺和装饰工艺两种。

（1）成型工艺

碗、盘、碟等具有回旋体特点的圆器一般采用拉坯成型。具体操作方法是：将坯泥放置于陶车的中央，转动车盘，双手按泥，随手法的屈伸收放拉制出器物的坯体。陶车由圆木板做成的旋轮、瓷质的轴顶帽、荡箍以及轴、复杆等几部分组成（图23），它的使用大大提高了产品质量和生产效率。拉坯之后，瓷坯还要经过印坯（即待瓷坯稍稍晾干时将其扣在印模上，起正形的作用）、利坯（将瓷坯置于小型陶车上，外部用刀削修整，使其胎体厚度适中，表面光洁）、挖足（挖成器物的底足）等工序，以保证器物的完整美观。拉坯成型的特点是设备简单，质量有保证，但对于操作技术的要求较高。

图22　唐 秘色瓷碗
　　　（陕西扶风法门寺出土）

对于器形较大的回旋体器物，如瓶、罐等等，则采取分段拉坯，然后节装成型的方法。早期接缝处

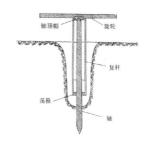

图23　陶车示意图

不注意修整，接痕比较明显；后期，特别是清代以后，节装的器物经过修整通常看不出接痕。

除了传统的拉坯成形技术外，还有各种模制技术，也就是用模子来制坯。用模型做外范，将泥料打成泥片贴在模型内，经过压制后取出，再将几部分进行组合，形成器坯。这种方法发挥的余地较大，使瓷器的造型更加复杂，更加多样，更加美观。3世纪南方和5世纪北方生产的青瓷是模制瓷器的典范（图24、25）。唐宋时期北方定窑、耀州窑的模印技术也很出名，窑址中出土许多人物、动物形的器物和模具，刻划细致，生动逼真（图26、27）。元代景德镇青花瓷器也采用泥片贴模技术成形。此外，清代康熙时期出现的"浆胎"瓷器使用灌浆技术，即以石膏等有吸附性的材料做模具，把稀浆状的胎料灌注入模，隔一定时间后将浆料倒出。吸附在模具上的胎料形成器物的壁厚，待稍干后可从模具中取出。浆胎瓷器一般比较轻薄。

（2）装饰工艺

胎、釉、彩是瓷器装饰的三大领域，这里所谈的装饰工艺主要针对是胎装饰，釉和彩的装饰将在下文分别阐述。胎装饰主要是利用工具在瓷胎上作物理的加减，包括刻划花、印花、镶嵌、镂空、堆塑等，以下列举几种主要的装饰方法进行介绍。

①刻划花

瓷器上的刻花和划花装饰出现得最早、也最为普遍，主要是用竹、

图24 三国 越窑青瓷羊

图25 北朝 青瓷莲花尊

图26 北宋 定窑白瓷孩儿枕

图27 唐 耀州窑印模

图28　东汉　青瓷罐

图30　五代　越窑青釉龙纹碗

图29　南朝　青釉刻花罐

图31　北宋　耀州窑青釉刻花瓶

图32 宋 景德镇窑青白瓷刻花碗   图33 南朝 洪州窑青釉戳印纹碗

木、金属等制作的工具在半干的坯体上刻划出花纹线条，或纤细或粗犷，随性洒脱。最早在东汉时期的青瓷上就有简单的水波纹划花（图28），源自原始瓷；南朝时期南方青瓷上的刻划花装饰已经臻于成熟了（图29）；晚唐五代，越窑青瓷上的刻花精致又灵动（图30）；宋代，北方耀州窑青瓷和南方景德镇窑青白瓷上的刻花用"半刀泥"技法，利用釉的不同厚度，将纹饰衬托得栩栩如生（图31、32）。

②印花

印花是用刻有花纹的陶瓷质料印具在尚未干的坯体上印出花纹，或者用有纹样的模子制坯，直接在坯体上留下花纹，规格统一，操作简便。南朝江西丰城窑瓷器上的戳印花纹是早期瓷器印花产品（图33）。宋代定窑印花白瓷在装饰布局上借鉴了当时的著名的定州缂丝工艺，形成了独特的印花技法，所制印花瓷器闻名遐迩（图34）。耀州窑

图34　宋 定窑印花龙纹碗

印花线条细腻流畅，布局严谨，层次丰富，具有刻花的艺术效果（图35、36）。

③绞胎

绞胎是将白、褐两种颜色的胎土相互揉合相绞，拉坯成型。胎体白褐相间，纹理清晰，变化无穷。唐代绞胎非常出名，巩县窑、当阳峪窑都是绞胎器的著名产地。绞胎的装饰方法有两种，一是器物整体以绞胎的胎土做成（图37）；一是把按

图35　金 耀州窑印花牡丹纹碗

图36 金 耀州窑印模和印花碗
（陕西铜川耀州窑遗址出土）

图37 唐 绞胎三足碗

图38 唐 绞胎"裴家花枕"

图39 北宋 登封窑珍珠地划花双虎纹瓶

一定规律绞成的胎泥切片，贴在器物的表面组成图案，其厚度一般为器物胎体的三分之一（图38）。

④珍珠地划花

珍珠地划花是在成型的胎上施化妆土，再用金属工具在瓷坯上划花，并在纹饰之外打戳细密的珍珠状小圆圈，在凹下处再敷以赭色胎泥，最后上透明釉入窑烧成。这种装饰借鉴自唐代金银器上的錾花工艺，晚唐时期始创于河南密县，北宋时传到河南、山西两省。河南的密县、登封、鲁山，山西的介休、交城等窑场都有发现，其中以登封窑产量最多，最为典型。故宫博物院收藏的北宋登封窑珍珠地划花双虎纹瓶上刻了两只在草丛中搏斗的老虎，龇牙咧口，气势凶猛，线条流畅，刻划生动（图39）。

第二章

历代瓷器概述

第二章
历代瓷器概述

从东汉成熟瓷器出现到明清景德镇御器厂、御窑厂建立的几千年间，瓷器的发展呈现出蓬勃向上，推陈出新的局面，不断有新品和精品面世，取得了辉煌灿烂、举世瞩目的成就。人们根据瓷器的釉、彩将其分为青瓷、白瓷、彩绘瓷和颜色釉瓷四大类，我们按照这个分类，归纳一下历代瓷器制造业的重要成就。

一 千峰翠色·青瓷

青瓷是最早出现的瓷器类别，它的诞生是中国瓷器烧造史上的里程碑。严格说来，青瓷也是颜色釉瓷中的一种，因为其地位重要，数量巨大，衍生产品很多，人们倾向于将其独立归类。青瓷的胎、釉中均含有适量的氧化铁（通常在 3% 以下），经高温还原焰烧成，其釉每每呈现淡青、翠青、粉青等各种优雅悦目的青色，通称为青瓷。青瓷的雏形出现在商周时期的原始瓷，至东汉后期发展成熟。历代烧造青瓷的窑场主要有南方的越窑、龙泉窑，北方的耀州窑、汝窑等。不同时期和不同地区的青瓷各有特色。晚唐五代秘色瓷代表了青瓷的巅峰，"九秋风露越窑开，夺得千峰翠色来"成为咏叹青瓷的绝唱。宋代厚釉技术的发明为青瓷开辟了一片新天地，汝窑的"雨过天青"、官窑的"粉青"、龙泉窑的"梅子青"，青瓷之美让人陶醉。碧玉般沉静素雅、清丽滋润的青瓷在中国陶瓷史上享有崇高的地位，一度独揽瓷坛风光。

1. 越窑

越窑是中国古代南方首屈一指的青瓷窑系，分布于浙江东北部杭州湾南岸的绍兴、上虞、余姚、慈溪至宁波、鄞县一带广大地区。早在商周时期这里就已成功烧造原始青瓷，经过千百年的发展与积累，终于在东汉时期首先烧造成青瓷，使中国成为发明瓷器的国家。越窑始于东汉，盛于唐、五代，衰于宋，烧制时间长，生产规模大，影响深远，是中国古代瓷器生产的先锋队和生力军。东汉、三国时期青瓷还带有原始瓷的质朴和古拙（图 40）。两晋青瓷低调的雅致迎合了士大夫的意趣，颇有些时代的气息（图 41）。南北朝在青瓷的装饰

图40 三国吴 太平二年（257年）
越窑青釉蛙盂（浙江嵊县出土）

图41 西晋 太康八年（287年） 越窑青
釉盘口四系壶（浙江杭州出土）

图42 唐 元和五年（810年） 越窑
青釉执壶（浙江绍兴出土）

上较多运用莲花，可以看作是佛教东渐在艺术上的表现。隋唐时期，青瓷成为人们日常生活中的必需，更注重造型和釉色之美（图42）。开放的盛唐帝国八方来朝，带来了域外的文化和艺术，这在青瓷的造型和装饰上也得到体现，越窑海棠形碗、杯的造型源自中东地区的曲腹杯。越窑之名最早见于唐代，陆羽在《茶经》中论及当时的茶碗时有"越窑上，鼎州次，婺州次"和"越瓷类玉"、"越州瓷、岳州瓷皆青，青则益茶"的评价。越窑瓷器胎质细腻，釉汁纯净，以青绿和青黄色调为主，成形、装饰技法繁多，品种丰富，纹饰简朴大方，为历代所称道。唐代开始就出现许多歌颂越窑典雅秀美的诗句。晚唐五代的秘色瓷更是越窑青瓷的巅峰之作，"掠翠融青"的釉色引得无数的遐想和神往。

秘色瓷（图43）是晚唐五代越窑的巅峰之作，874年，唐懿宗为供奉释迦牟尼灵骨舍利，与舍利一起封瘗于扶风法门寺佛塔地宫中的供养品中包括了13件秘色瓷器。文献记载五代十国中寓居东南一隅的吴越钱氏王朝为了自保，经常向中原的统治者进贡大量的礼品，秘色瓷也是其烧造上贡的重要礼品。经科学研究得知，越窑上林湖秘色瓷与同时代越窑青釉瓷在胎、釉原料化学组成上基本相同，但在制作工艺上存在不同。秘色瓷的胎

图43 唐 越窑秘色瓷八棱瓶
（陕西扶风法门寺出土）

质比越窑青釉瓷均匀细致，气孔与分层明显减少；秘色瓷的釉层厚薄均匀、釉面光泽滋润，少见剥釉开片；其成形也更加规整细致。说明秘色瓷的原料选择处理、加工成型都有明显的改进。另外，秘色瓷的颜色比越窑青釉瓷更加纯正清亮，这与秘色瓷采用瓷质匣钵，并采用匣钵封釉等独特的装烧工艺密切相关。瓷质匣钵和匣钵封釉技术显然提高了匣钵的密封性，避免了青瓷在烧成后期的二次氧化，使釉色更加青绿。

2. 耀州窑

耀州窑的中心窑场在今陕西省铜川市黄堡镇一带，是北方最著名的窑场之一，创烧于唐代，主要生产青瓷、白瓷、黑瓷以及茶叶末釉瓷器。五代至北宋初期，精致的高浮雕式刻花配以清纯的淡青釉，使得耀州窑青瓷声名鹊起。入宋以后，随着南方越窑的逐渐衰落，耀州窑凭借其日益提高的质量和迎合市场需求的定位，得到快速发展，一度成为中国生产规模最大的青瓷窑场。宋金时代，耀州窑以生产独特的刻花和印花青瓷而著名。耀州窑瓷器釉色以橄榄青和黄绿色为主，莹透朴拙。

宋代采用煤为燃料后，大大提高烧成温度，釉层更加透明，使得釉色更为晶莹润泽，同时也提高了釉对于纹饰的表现能力。耀州窑的产品以民用为主，日用生活器较多，风格粗犷，具有浓郁的地方特色。

刻花和印花是耀州窑最为著名的装饰手法。耀州窑刻花初创于五代，以精细的高浮雕式刻花来表现花卉（图44）；至北宋，其刻花技法以具有独特风格的

图44　五代　耀州窑剔刻花牡丹纹执壶

图45 北宋 耀州窑刻花缠枝牡丹纹瓶　　　　图46 金 耀州窑印花婴戏纹碗

"半刀泥"取代了五代时期的高浮雕式的刻花，这种刻花技法是在纹饰线条的边缘竖刻一刀，在外缘再斜剔一刀，挂釉烧成以后，在纹饰的边缘形成一周自深而浅的釉色变化，使纹饰具有强烈的立体感（图45）。北宋中期以后刻花发展日臻成熟，刀法犀利洒脱，线条活泼流畅，题材广泛，清新鲜活，透露出率性、生动的民间意趣。北宋晚期开始出现印花装饰，技法独特，纹饰丰富，刻划细腻，布局严整，讲求对称，有着很高的艺术审美价值（图46）。耀州窑的刻花和印花的装饰主题以花卉为主，牡丹纹在其中占有特别的地位，其他如菊花、莲花、蔓草、鱼、仙鹤、婴戏等等也是常见的题材。耀州窑产品种类繁多，构造精妙，体现了工匠的高度智慧和创造力。耀州窑的产品影响深远，风格为河南临汝窑、广州西村窑、广西永福窑等窑厂相继效仿，形成了与越窑风格有别的北方青瓷类型，称之为耀州窑类型。

3. 汝窑

汝窑为宋瓷之首。关于汝窑的性质，南宋顾文荐在《负喧杂录》中记载："本朝以定州白瓷有芒不堪用，遂命汝州造青瓷器，故河北、唐、邓、耀州悉有之，汝窑为魁。"因此，无疑汝窑是北宋的官窑。关于汝窑的年代，北宋末宣和年间徐竞《宣和奉使高丽图经》所载"汝州新窑器"一语，判断汝窑烧制御用青瓷的时间约在哲宗元祐（1086年）到徽宗崇宁、大观年间，前后共20余年。由于烧造时间短促，故汝窑青瓷的传世品十分珍稀。成书于元代初年的《武林旧事》记载南宋绍兴二十一年张俊曾"进奉汝窑瓷器"14件给高宗，这表明汝窑瓷器在当时是十分珍贵的器皿。《清波杂志》中"尤近难得"的论述，证明汝官器在南宋已是难以寻觅的上佳之作，历来被奉为无上珍品。《清波杂志》记载汝窑以玛瑙入釉，使其更添神秘色彩。汝窑窑址长期不明，1986年上海博物馆经过调查，在河南省宝丰县清凉寺村发现了汝官窑的标本和窑具，解决了这一历史悬案。传世汝窑器主要收藏于台北故宫博物院、北京故宫博物院、上海博物馆和英国大维德基金会等处，器形以盘碟为多，还有碗、洗、奁、瓶、尊、水仙盆等，小巧精致。关于汝窑器的特征，明代《格古要论》中有所描述："宋时烧者淡青色，有蟹爪纹者真，无纹者尤好。土脉滋媚，薄甚亦难得"。从现存实物看，汝窑的胎

色为香灰色，透釉处略带粉色。釉

汁莹润，釉色淡雅、稳定，如"雨

过天青"，釉面大多有"蟹爪"

纹，纹片一般都是在烧造过程中自

然形成的，形状变幻莫测（图47），

只有极少量的制品无纹片，如现藏

图47 北宋 汝窑三足奁

台北故宫博物院的天青釉椭圆形水仙盆即是（图48）。底部一般以3～5

个细小的芝麻钉裹足支烧（图49），这是汝窑最突出的工艺特征。从颜

色上看，汝官窑青瓷较之当时北方青釉瓷更为淡雅，一方面是由于釉中

存在少量铁离子，铁离子在还原烧成中使釉呈现出青绿色；另一方面则

来自于釉层乳浊失透现象，这是汝窑青釉具有玉质感的重要因素之一。

图48 北宋 汝窑椭圆形水仙盆

图49 北宋 汝窑盘

汝窑器专供宫廷御用，也有一部分作为皇帝给大臣的赏赐之用。一些汝窑器带有后刻的铭文，如"蔡"等等，这也印证了它的珍贵。带"蔡"铭的可能是徽宗皇帝给当时权臣蔡京的赏赐。

4. 官窑

根据文献记载，宋代官窑有北宋官窑和南宋官窑之分。北宋官窑又称汴京官窑，为徽宗在首都汴梁（今河南开封）附近设置的专门烧造宫廷用瓷的窑场，文献记载除南宋顾文荐在《负喧杂录》中有："宣政间，京师自置窑烧造，名曰官窑"的记载外，其他记载几乎不见，窑址也迄今未发现。由于没有窑址标本的比对，因此长期以来，对北宋官窑传世品的认识停留在 20 世纪 20 年代在对清宫文物登记时的记载，认为："北宋官窑稀少，主要有碗、瓶、洗等，胎体细腻，釉色淡青，温润典雅，釉面开大纹片的特征"。20 世纪 40 年代，在开封发现 4 片青瓷标本，器形较大、造型规整、釉色纯正清亮，其特点与汝窑、耀州窑等北方青瓷均不相同。1990 年代以来，在汝州张公巷发现一处青瓷窑址，产品特点与几十年前在开封发现的标本几乎一样，有人提出会不会是文献中的"北宋官窑"，这需要更多的证据来证实。

宋室南迁以后，在临安（今浙江杭州）设立官窑，前有修内司，后有郊坛下，吸收了汴京官窑、汝窑和龙泉窑的特点，生产瓷器供御用。20 世纪 30 年代和 90 年代，先后在杭州乌龟山、老虎洞发现窑址，经发掘被认为分别是郊坛下窑址和修内司窑址，证实了南宋叶寘《坦斋笔衡》："中兴渡江，有邵成章提举后苑，号邵局，袭故宫遗制，置窑于修内司，造青器名内窑；澄泥为范，极其精致，釉色莹澈，为世所珍"和"后郊坛下别立新窑，亦曰官窑"的记载。南宋官窑瓷器胎体赭黑，有厚釉、薄釉两类，厚釉者釉色以粉青为主，器物口沿、边棱或出戟处釉薄显露出胎色，是为"紫口铁足"特征；薄釉者釉色以灰青为主。釉面多有裂片，疏密深浅不一，形成了自然美。官窑瓷器品种繁多，既有古朴肃穆的仿古陈设瓷，又有轻巧灵便的日用器（图50、51）。粉青如玉是南宋官窑典型特征，这来自于南宋官窑创烧的厚釉技术。当时它创烧出比钙

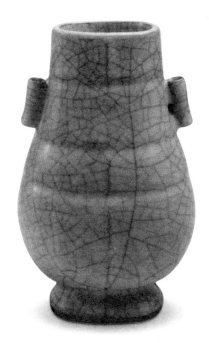

图50 南宋 官窑贯耳瓶

图51 南宋 官窑双耳炉

釉高温粘度大的钙－碱釉，减少了烧成中流釉现象，釉层增厚，釉层中析晶－分相结构所产生的乳浊失透显得更加明显，就形成南宋官窑粉青釉特有的玉质感。同时采用多次施釉工艺，有的釉层厚度甚至超过胎厚。另外由于胎、釉膨胀系数差异，釉面呈现出各种裂纹，在青玉般的釉面上形成独特的自然纹饰。

5. 哥窑

自明代起，哥窑被看作是宋代五大名窑之一，但是在宋人文献中并无记载。元代孔齐《至正直记》中首次提到哥哥洞窑和哥哥窑："乙未（至正十五年，即 1355 年）冬在杭州时市哥哥洞窑者一香鼎，质细虽新，其色莹润如旧造，识者犹疑之。会荆溪王德翁亦云，近日哥哥窑绝类古官窑，不可不细辨也。"这是最早提及哥哥洞窑的著录。明初《格古要论》描述到："哥哥窑，旧哥哥窑出，色青浓淡不一。亦有铁足紫口，色好者类董窑，今亦少有。成群队者，是元末新烧，土脉粗燥，色亦不好。"说明哥窑有早、晚之分，其时代应为南宋至元代。哥窑的窑址至今尚未发现，元代的记载中似乎暗示其产地在杭州。明高濂《遵生八笺·燕闲清赏笺》："官窑品格大率与哥窑相同……。所谓官者，烧于宋修内司中，为官家造也……。哥窑烧于私家，取土俱在此地。官窑质之隐纹如蟹爪，哥窑质之隐纹如鱼子……"的论述不仅对官窑、哥窑的性质表述得十分清楚，而且是哥窑产地在杭州的又一史证，值得注意的是杭州市考古研究所20世纪90年代在发掘老虎洞窑的时候，在元代的地层中发现了类似传世哥窑的标本，这对于传世哥窑产地的研究提供了新的实物证据。另外，在明代晚期一些记载龙泉窑的文献中，有关于"哥窑"的记载。明嘉靖四十年本《浙江通志》就已经提到处州"哥窑"的传说，但对其时代"未详何时人"。嘉靖四十五年本《七修类稿续编》记载更为详细"哥窑与龙泉窑皆出处州龙泉县，南宋时有章生一、生二弟兄各主一窑，生一所陶者为哥窑，以兄故也，生二所陶者为龙泉，以地名也。其色皆青，浓淡不一。其足皆铁色，亦浓淡不一。……哥窑则多断纹，号曰'百圾破'……"。自20世纪60年代起，在龙泉大窑、金村等地的窑址发现了黑胎青瓷标本，釉色以灰青为主，釉面亦有一色开片，有学者认为这就是"龙泉哥窑"。但其器型、釉色、开片颜色、底足切削形式以及胎釉的化学组成皆与传世哥窑不同，因此它与传世哥窑是两类不同的器物，有学者认为可能是龙泉窑仿制官窑的"龙泉仿官"。关于哥窑的相关问题，仍有待进一步研究。

哥窑产品传世罕见，从国内外各大博物馆所藏传世品看，主要造型有瓶、炉、洗、盘、碗等。哥窑胎色较深，有赭黑、深灰、浅灰等色，其中胎中含铁量较高，有"铁骨"之称与南宋官窑颇为相似。釉色以米黄和灰青为主，釉层较厚、失透，釉质极为滋润，釉面浮现一层酥光。哥窑装饰以开片著称，这是因为釉和胎的膨胀系数不一致在

图52　宋 哥窑五足洗

釉面形成深浅不一、疏密有致的裂纹。哥窑的开片都是经过人工染色的，其中最为典型的是"金丝铁线"（图52）。釉面开裂是一种缺陷，当釉与附着的胎体膨胀系数不同时就会产生应力，如果釉的膨胀系数大于胎的膨胀系数，釉层就受到张应力，于是釉层通过开裂消除张应力，反之釉层受到压应力而容易从胎上剥离。釉层开裂是在烧成降温过程中开始的，随温度降低釉层弹性越来越小，当釉层受到的张应力越来越大时釉层出现开裂。釉层开裂的程度、持续的时间与受到的张应力有关。哥窑器将这一特征应用于装饰，通过胎釉配方和烧制工艺掌握裂纹持续的时间和程度，从而人为产生釉面的裂纹。烧成以后，还对疏密有致的裂纹以赭汁染色，不同程度的裂纹吸收染汁的量也不同，遂形成"金丝铁线"的特征。

6. 钧窑

钧窑，亦称钧州窑，是北方著名的青瓷系统，窑址位于河南禹州钧台与八卦洞附近，禹县古属钧州，故名。关于钧窑，最早的文献记载见于明代晚期，如王世贞《宛委余编》："钧州，稍具诸色，光采太露，器极大"。高濂《遵生八笺·燕，闲清赏笺》中也论及钧窑：
"均州窑，有朱砂红、葱翠青，俗所谓鸾歌绿、茄皮紫。……底有一、
二数目字号为记。……此窑惟种蒲盆底甚佳，其他如坐墩、炉盒、方
瓶、罐子，俱以黄沙泥为壤，故器质粗厚不佳。"20世纪70年代以及
2005年以来，对禹县钧窑遗址进行了考古发掘，明确了河南禹州是传
世宫廷御用钧窑的生产地。有学者根据新的考古资料以及科学测试数
据，对钧窑的年代提出了新的认识，认为所谓"北宋钧窑"的年代可
能在14世纪末至15世纪初。钧窑的主要特色是窑变釉，这是一种乳
浊釉，釉中含有一定量的氧化铜，烧出的釉色青中带红，艳如晚霞，
主要有天蓝、月白、海棠红、玫瑰紫、钧红等釉色（图53、54）。钧窑

图53 14世纪 钧窑月白釉出戟尊　　　　　图54 14世纪 钧窑海棠红釉花盆

的釉是一种典型的分相釉，这是因为釉中硅、钙、镁、磷偏高，铝偏低，这种组成特点能促使瓷釉在高温中产生分相，釉中所形成的无数小于0.2微米的微小液滴能对可见光谱中的短波光发生散射作用，使釉出现一种非常柔和而又淡雅的天蓝色乳光，钧窑天蓝、月白等釉色就是这样产生的。钧红釉则是在釉料中加入了一定量的氧化铜。此外，各种颜色的窑变釉和釉层中的蚯蚓走泥纹，也是钧窑区别于其他青瓷的重要特点。蚯蚓走泥纹的形成是由于钧窑釉层厚，烧窑过程中低温时发生裂痕，高温时粘度较低的釉部分流入空隙填补裂缝，形状像蚯蚓走泥的痕迹。底部刻有一至十数码的钧窑器大多为御用，器型主要有花盆、洗、盘、炉、碗等。元代，除了河南禹县外，河南其他地区以及陕西、河北部分窑场也生产钧窑类产品，遂形成钧窑系。

7. 龙泉窑

龙泉窑位于浙江龙泉，创烧于北宋早期，南宋晚期至元代达到鼎盛，明中期以后走向衰弱，其烧造至近代未停止，是南方重要的青瓷类型。龙泉窑早期青釉产品受到越窑、婺州窑和瓯窑的影响，风格非常类似。南宋以后为了满足宫廷用瓷的需要，生产一种施粘稠石灰碱釉的仿官窑器。这类器物经过多次素烧，多次上釉，使得釉层厚而不流，釉面有类似官窑的开片。有些产品的胎中掺入一定量的紫金土，以降低白度，衬托出釉色的深沉、柔和、莹润，创造出青玉一样的效果，并且有"紫口铁足"的效果（图55）。南宋中期以后粉青、梅子青烧制成功，成为青瓷釉色之美的典范，从而形成了具有龙泉自身特点青瓷品种。粉青、梅子青都是白胎石灰碱釉器，亦运用多次上釉、素烧的施釉工艺，釉层肥厚，在强还原气氛下，配合合适的烧成技术才能烧制成功。粉青釉滋润肥厚、色泽纯正淡雅，光泽柔和，质如青玉；梅子青釉则清澈透明，色泽青绿犹如翡翠（图56）。可以说，龙泉窑的粉青、梅子青釉已经达到青瓷烧制的历史高峰。南宋龙泉窑主要以釉色取胜，一般不再加其他装饰。至元代，龙泉窑的装饰方法主要有堆花和贴花（图57），露胎贴花成为元代龙泉窑独特的装饰形式；元代晚期和明代，刻花逐渐成为主要的装饰手法；元代龙泉窑还出现了褐色加彩和红色加彩产品，别具一格（图58）。从明代初年洪武朝起，龙泉窑开始承担为宫廷烧制瓷器的任务，《明实录》有关于让"饶州"（景德镇）、"处州"（龙泉）烧造瓷器的记载。2006年，浙江省文物考古研究所对龙泉大窑枫洞岩窑址进行发掘，在明确的明代地层中发现与景德镇洪武青花、釉里红同样图案的青釉刻花瓷器，器型也类似，如大碗、高足杯、菱口大盘等。龙泉窑造型有各种日用器、文房用具和仿青铜、古玉造型的陈设器、祭器等。龙泉窑是著名的外销瓷产地，其产品大量出口到日本、东南亚、欧洲各地。16世纪，龙泉青瓷第一次出现在法国的时候，人们为眼前优美的青瓷赞叹不已，就借助当时巴黎盛演的舞台剧《牧羊女亚司泰》中男主

图55　南宋 龙泉窑仿官釉把杯

图56　南宋 龙泉窑粉青釉炉

图58　元 龙泉窑青釉褐斑瓶

图57　元 龙泉窑青釉贴花龙纹荷叶盖罐

人公Celadon身着的华服来美名，从此Celadon就成了中国青瓷的又一个名称。

二 如银似雪·白瓷

白瓷是与青瓷相对的另一大瓷器类型，它的出现是制瓷原料制备技术进步的直接结果。中国是发明白瓷的国家，也是最早使用高岭土和长石的国家。白瓷的出现，为后世各种颜色釉瓷、彩绘瓷提供了创造发展的基础。

北朝起源、唐代成熟的白瓷，显示了烧造技术的巨大进步，是中国瓷器史上一个全新的里程碑，它奠定了彩瓷发展的基础，邢窑、定窑、景德镇窑和德化窑等窑场都曾闪耀过白瓷的辉煌。北朝白瓷虽然从质量和技术上来看仍属初创，但是它表明中国白瓷已经萌芽；唐代邢窑白瓷标志着白瓷烧造技术的成熟，"如银似雪"是最好的写照，它也开启了"南青北白"的瓷业格局；宋代定窑发明了支圈覆烧技术，白瓷胎体轻薄、器形规整；宋元时代，景德镇窑为仿定窑白瓷而创烧的青白瓷，尽管其釉不及定窑洁白，但是其影响却遍及半个中国，甚至远播海外；明永乐景德镇窑御器厂生产的甜白釉瓷器以见影的薄胎和肥腴的釉层成为白瓷中的极品；德化窑白瓷始于元，至明晚期以其光润如凝脂、微泛牙黄的釉色成为欧洲的时尚，有"象牙白""鹅绒白"之美誉。

1. 早期白瓷

白瓷是在青瓷的基础上逐步发展起来的，最明显的特征在于在白瓷的发展过程中其胎釉中铁含量是逐步减少的。表明当时制瓷工匠是逐步掌握把原料中包括铁在内的杂质尽可能去除干净的技术。当原料制备技术发展到一定程度，从而克服了铁元素的呈色干扰时，白瓷才得以脱离青瓷而自成类型。

白瓷发源于北方，这与北方的制瓷原料中含铁等影响呈色的金属元素较少密切相关。河南、陕西等地北朝和隋代（6～7世纪）墓葬中皆出土有早期白瓷。北齐武平六年（575年）范粹墓出土的白瓷（图59）是目前发现有可靠纪年的早期白瓷的代表，它的釉色白中泛青黄，尚未完全排除氧化铁的干扰，尚处于初级阶段。1959年河南安阳隋代开皇十五年（595年）张盛墓中发现了一批白瓷（图60），胎、釉质量较范粹墓白瓷有了很大进步。隋大业四年（608年）李静训墓出土的白瓷（图61）胎体白度较

图59 北齐 白瓷瓶（河南安阳范粹墓出土）

图60　隋　白瓷文吏俑（河南安阳张盛　　　　图61　隋　白瓷鸡头壶（陕西西安李静
　　　墓出土）　　　　　　　　　　　　　　　　　训墓出土）

高，釉面光润，已经基本不见明显白中闪黄或闪青的迹象。这些考
古材料为我们描绘出了早期白瓷的基本面貌和发展轮廓。

2. 邢窑白瓷

　　邢窑是唐代生产白瓷的著名瓷窑之一，与越窑并称为"南青北白"。
其窑址在河北省内丘和临城县境内，时属邢州，故名。邢窑始烧于隋，
盛于唐。李肇《国史补》有云："内丘白瓷瓯，端溪紫石砚，天下无
贵贱通用之"，足见当时邢窑产品在全国瓷业中举足轻重的地位。这

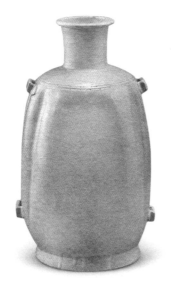

图62 唐-五代 邢窑背壶

种状况直到唐末五代由于定窑的兴起而日渐衰弱，其地位逐渐被定窑取代。邢窑白瓷可以分为两类，一类为精细产品，胎体轻薄、胎质坚实致密，胎土细腻洁白，瓷化程度高，叩之有金属声，曾被当作乐器使用；釉质莹润，釉色晶莹洁白或略带乳白，胎薄，制作极为规整（图62）。陆羽《茶经》中形容"邢窑类银类雪"的制品，就是指这类产品，邢窑细白瓷还作为地方特产向朝廷进贡。另一类粗瓷，胎粗厚，呈灰白色，大多施化妆土，釉色白中闪黄，器内满釉，器外施釉不及底，主要供民间日用。

3. 定窑白瓷

定窑是宋代五大名窑之一，中心窑址在今河北省曲阳县涧磁村，宋代属定州，故名。定窑创烧于唐，其前身曲阳窑是晚唐及五代时期的重要瓷窑之一。唐代生产白瓷为主，产品有精粗之分，精细的白瓷都不施化妆土，胎色白而细腻，釉面柔润，是唐代唯一可与邢窑媲美的窑场。五代以后，定窑迅速崛起，并逐渐取代邢窑成为北方白瓷之

最（图63）。北宋、金代定窑
继续发展，并成为宋代白瓷
之冠，并形成了南北窑场竞
相模仿定窑的局面，出现了
以山西平定、孟县、阳城、
介休以及四川彭县等窑场为

图63 五代 定窑印花鱼纹盏

代表的庞大的定窑系。与此同时，景德镇窑亦出现了仿制定窑的产品，
是为"南定"，因其釉色白中闪青，又称为青白瓷或影青。宋、金是
定窑生产的黄金时期。其产品以白釉为主，兼烧褐釉、黑釉、绿釉，
也称"白定""紫定""黑定"与"绿定"。定窑的胎土一般多经过
精心淘洗，"土脉细，色白而滋润"，故器物都不施化妆土，器物胎
壁厚薄均匀，近口沿处尤薄。白釉略带牙黄色，俗称"象牙白"，釉
面往往有流淌痕，俗称"泪痕"。定窑瓷器的胎体修削得十分精细，
器物外壁往往有修坯时留下的旋削痕，有"竹丝刷纹"之说。定窑的
装饰技法有刻花、划花与印花。五代至北宋早期主要流行划花及浮雕
和模印贴花等技法，风格严谨；北宋中期刻划花尤为盛行，线条流畅，
风格崇尚自然（图64），印花装饰也在此时悄然兴起。北宋晚期印花
技法达到高峰，在宋代同类装饰中首屈一指，不仅印模手法高超，而
且脱模技艺也相当精湛。纹饰布局借鉴了著名的定州缂丝，题材丰富，
线条清晰，布局严谨，层次分明（图65）。金代定窑亦以印花装饰为主。

图64 北宋 定窑刻花碗

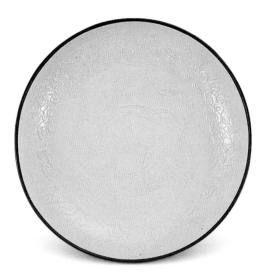

图65 北宋-金 定窑印花龙纹盘

此外，瓷塑技艺也达到了新的高度，形态可爱的孩儿枕是其代表作，造型新颖脱俗、雕塑技巧高超。在装烧方法上，从北宋中期起定窑首创覆烧工艺，这种装烧工艺主要运用于盘、碗类器物。烧造时器物需倒扣在垫圈上层层向上叠，即省力又省原料，还可增加装烧量。采用覆烧工艺烧成的器物底足满釉而口沿无釉，称为"芒口"。为克服芒口给使用带来的不便，往往在器物的口沿用金、银或铜等金属包镶，俗称"金扣""银扣""铜扣"。定窑覆烧工艺不仅大大提高了窑炉的生产效率，而且可以使器物做得更加轻薄、不易变形，促进了宋代中国瓷业的大发展。

4. 景德镇窑白瓷

江西景德镇窑古属饶州，瓷器烧制历史可以追溯到唐代。据最新考古发现，景德镇最早的瓷窑是唐代的南窑和蓝田窑，均烧青瓷；五代的杨梅亭、石虎湾等窑，烧制青瓷和白瓷。自宋代起凭藉其优质的制瓷原料仿制定窑白瓷，其烧制的瓷器由于釉色微微泛青色，被称为"青白瓷""影青"，也称为"南定"。其莹润如玉的质感在当时独占鳌头，因此有"饶玉"之美誉。青白瓷的釉质如玉，色泽温润，广受赞美。李清照《醉花阴》中"佳节又重阳，玉枕纱厨，半夜凉初透"句中的"玉枕纱橱"一词应该指的就是当时十分流行的青白瓷枕。景德镇青白瓷的烧制自始于北宋，历南宋、元而盛烧不衰。造型有碗、盘、执壶、注子、香薰、盒子、瓷枕（图66）等日常用品和谷仓、盖瓶等明器。青白釉瓷胎呈灰白色，质地坚致、胎体匀薄，碗、盘类器胎薄处可光照见影。釉色多白中闪青，釉面透明度强，聚釉处呈水绿色，釉薄处泛白，这种特点非常有利于纹饰的表现，使其更具有立体感。在装饰方面，主要流行刻花和印花。刻花多采用一边深一边浅、宽细组合的所谓"半刀泥"技法而成，内辅以篦点纹，形成了景德镇窑刻划花装饰的独特风格（图67）。印花风格与定窑相近。北宋晚期至南宋，刻花与印花工艺并存，并逐渐向以印花为主的风尚过渡。纹样有牡丹、菊花、飞凤、莲荷、孩童攀花、水波、一束莲、双鱼、人物等，构图渐趋复杂。在一些瓷盒上，常有戳记文字，如"段家合子记""吴家合子记""许家合子记""蔡家合子记""张家合子记"等等，说明当时景德镇瓷业已经有所分工，有专门生产瓷盒的作坊。北宋中期以后，随着制瓷业的迅速发展，并受到定窑工艺的影响，在烧造碗、盘类器物时也风行覆烧工艺，大大提高了产量。江西、江苏、安徽、辽宁等地的纪年墓葬中出土的景德镇青白瓷，对于判断其烧制年代和研究其大致的发展面貌有很大的帮助。上海博物馆收藏的北宋青白瓷温壶是当时人们配套用于温酒的器具，釉色纯净，造型美观，线条优美协调（图68）。

从元代开始，景德镇逐渐成为全国制瓷业的中心。卵白釉是元代景德镇窑新创烧的一种高温釉，因釉色似鹅蛋，呈现失透的白中微

图66 宋 景德镇窑青白瓷戏曲枕

图67 宋 景德镇窑青白瓷刻花碗　　图68 北宋 景德镇窑青白瓷温壶

图69 元 景德镇窑卵白釉印花龙纹高足杯

图70 元 景德镇窑卵白釉印花"太禧"铭盘

泛青色调，故名。蒙古民族素有"尚白"的风俗，因此它为元代朝廷所喜爱。卵白釉瓷是元代景德镇窑在青白釉的基础上创烧的白釉瓷器，胎质细腻洁白，胎体与青白瓷相比显得厚重，碗、盘类器物的底足更为厚重。釉中含钙减少，钾、钠成分增多，粘度较大，釉质较厚且润泽失透。卵白釉瓷器器型以碗、盘、高足杯居多，以印花为主要装饰技法，且多在器内印花，图案题材以缠枝花卉纹常见，还有精细的云龙纹（图69），龙呈五爪。《元史·舆服志》："双角五爪龙臣庶不得使用"，可见凡印有五爪龙的器皿当为宫廷用瓷无疑。有的还印有"枢府""太禧""福禄"等字样（图70），应分别是元朝政府机构"枢密院""太禧宗禋院"的简称，因此，它们是元代官府或朝廷定烧的瓷器。明曹昭《新增格古要论》："元

朝烧小足印花者，内有枢府字者高"的
记载表明，带"枢府"铭的卵白釉器在
明代人眼中已是十分珍贵的佳作了。卵
白釉制作从元一直延续至明代早期。

　　进入明代以后，朝廷在景德镇建立
专门制作御用瓷器的"御器厂"，制瓷
技术逐渐趋于巅峰。明永乐朝创烧的白
瓷胎中铁、钛等呈色元素的含量已被严
格控制到最低，釉中钙的含量也有明显

图71　明永乐 景德镇窑白釉扁壶

的下降，钾的含量则有所增加，这样釉在烧成中具有较高的粘度，从
而产生晶莹滋润的效果，成为一代传世佳品。永乐白瓷的胎体细腻，
轻薄似脱胎，光照见影；通体满釉，仅足端处无釉、足墙转折处釉色
白中微微闪青泛黄，釉质温润肥腴、柔和甜美，被称为"甜白瓷"
（图71）。釉色器上多有暗刻花纹，含蓄雅致。甜白的烧制成功，是中
国白瓷制作工艺达到顶峰的标志。

5. 德化窑白瓷

　　德化窑位于福建德化，自宋代起烧造青白瓷，白瓷始烧于明代后
期，并成为明清时期中国具有代表性的白瓷品种之一，产品不仅在国
内广受欢迎，还大量用于外销。德化白瓷所用瓷土中氧化铁、氧化钛

图72　明　德化窑鼎式炉

含量极低，其胎色纯白，为历代白瓷中白度最高的一个品种；与此同时，胎中氧化硅、氧化钾含量则比较高，烧成后胎质致密，透光性好，迎光透视呈肉红色。釉中亦铁、钛低而钾高，属于在高温中较为粘稠的石灰碱釉，釉质光润如凝脂，在光照下釉色白中隐约呈现乳白或牙黄色，有"象牙白""鹅绒白"之称。德化窑的主要品种除日用器皿之外，还有瓷塑和仿青铜、犀角器造型的供器（尊、炉、杯之属），制作精良，为其他民窑窑场所不及（图72）。德化窑瓷塑久负盛名，如达摩、观音、弥勒等佛教造像都有很高的艺术价值。不仅能形象地表现外貌，还兼顾神韵，注重细节的刻划，具有强烈的真实感和高度的艺术性。明代晚期著名瓷塑家何朝宗的作品，更是难得一见的珍品。故宫博物院所藏"何朝宗"款达摩像面部庄严，生动地刻划了佛教禅宗创始人达摩法师"一叶渡海"的形象，雕工高超，神形兼备（图73）。

图73　明　德化窑 "何朝宗" 款达摩像

三　文采飞扬・彩绘瓷

大家都知道，传统意义上的绘画是一种平面艺术，用笔在纸、绢上进行创作。在瓷器表面作画难度更大，除了要考虑形象、色泽等因素外，还要考虑到表面的弧度所带来的视觉上的差异。彩绘瓷将中国画的线条和图像融入到立体的器物表面，形成了双重的审美意趣。六朝青瓷中出现的褐色点彩以至釉下彩绘，是瓷器装饰技术的突破，具有里程碑意义。彩绘技术在唐代长沙窑普遍运用，烧成一批具有特殊艺术风格的外销瓷器。以后经过宋、元时期的创造性发展，中国瓷器从明代开始全面进入彩绘时代，各种工艺、技法、纹饰和色彩的彩绘瓷争奇斗艳、异彩纷呈。

彩瓷主要可以分为釉下彩和釉上彩两类。釉下彩就是在成形的胎体上进行彩绘，施透明釉后经高温一次烧成。釉上彩则是在高温烧成的白瓷上用色料绘彩，再以低温烘烧而成。另外还有两者相结合的斗彩。青花和釉里红是釉下彩的代表，元代开始逐渐占据了瓷器生产的半壁江山。而明清各类釉上彩的发明与创新更是将彩瓷制作推向顶峰。

1. 早期彩绘瓷

中国彩绘瓷出现于3世纪，初期的彩绘只是点彩涂抹或简单的绘画。能够将不同的着色材料装饰于瓷器之上，这是技术和艺术的进步。早期彩绘的代表为青釉釉下彩，在瓷器的坯体上进行彩绘后，罩青釉一次高温烧成。1983年江苏南京三国吴墓出土的青釉褐彩器是这一时期彩绘瓷的代表作品（图74）。两晋、南朝时期褐色点彩流行于浙江地区的越窑、瓯窑，它在青釉器上不规则地加点褐色彩斑，打破了青釉单一的色调，使得瓷器更显活泼（图75）。此外，北朝的墓葬中也零星出土一些青釉、黄釉褐绿彩器（图76）。但总的说来，唐代之前彩绘瓷的发展仍处于初期阶段，未能形成规模，这种局面直到唐代长沙窑的兴起才有了质的突破。

2. 长沙窑彩绘瓷

长沙窑是唐代著名瓷窑之一，窑址在今湖南省长沙市南郊铜官、石渚一带，因此又称铜官窑、石渚窑。长沙窑不见于文献记载，根据

图 74　三国吴 青釉褐彩羽化升仙
图盖壶（江苏南京出土）

图75　东晋 越窑青釉点彩八系壶

图76　北齐 黄釉绿彩刻莲瓣纹四系罐

对窑址的调查、发掘和对比各地唐墓出土器物，推断它兴起于中唐，盛于晚唐而衰于唐末五代，为唐、五代南方地区一处重要的烧制青釉褐彩与青釉褐绿彩瓷器的窑场。长沙窑瓷器的胎大多呈灰白色，少量呈浅褐色，质地不甚细洁，质粗者有化妆土。长沙窑产品的造型丰富多样，以碗的数量最多，以壶的种类最多，此外油盒、枕及各类人物、动物雕塑品等器皿也颇有特色。为适应外销需要，唐代长沙窑创造出具有异域艺术风格的釉下彩产品。早期为贴花加彩斑装饰，即在坯体表面模印贴花上用铜或铁涂上斑块，形成釉下褐斑或绿斑（图77）。9世纪发展成为釉下彩绘，用含铁或铜的彩绘原料直接在坯体上绘制具有异域风格的图案，形成单色或复合色彩的图案（图78）；也有在器物上直接书写诗歌为装饰，瓷器又成为记录唐诗的载体（图79）。长沙窑的装饰题材除了一部分源自中国传统之外，大多来自于域外，如葡萄、狮子、椰枣树、摩羯鱼等等，还有的以草体的阿拉伯文为装饰。长沙窑的釉下彩瓷器丰富了瓷器的装饰艺术，为后世釉下彩瓷的发展奠定了技术基础。

图77　唐 长沙窑褐斑贴花壶

图78　唐 长沙窑黄釉褐绿彩云纹罐

图79　唐 长沙窑褐彩诗句碗（来自印尼"黑石号"沉船）

3. 磁州窑彩绘瓷

磁州窑是宋、金、元时期著名的瓷窑，中心窑区在今河北省磁县观台镇和彭城镇地区，以生产具有强烈的民俗意趣的彩绘瓷著称。磁州窑瓷器的胎有粗细之分：细者质地坚硬，细腻滋润，色白，以白釉制品为多见；粗者胎料淘洗不精，质地粗松，胎体厚重，多呈米黄、赭灰、灰白、黄褐等色，为了弥补缺陷，在胎的表面施有一层白色化妆土。磁州窑彩瓷主要流行白地黑彩、白地酱彩、绿地黑彩、白地红绿彩等品种，其中以明快的黑白色为主色调，通常在坯胎上敷白色化妆土之后，用毛笔蘸黑色颜料描绘纹饰，再罩透明釉入窑烧成。纹饰多取材婴戏、花卉、禽鸟、诗句等。这种装饰在视觉上形成强烈的对

图80　元 磁州窑山水图枕

图81 金 磁州窑龙纹瓶

比效果，艺术风格具有浓郁的生活气息（图80）。还有一种工艺是在白色化妆土上以黑色绘彩，然后再用尖状工具在黑色上划出纹样的轮廓线及细部，使之露出白色作地，再通体施一层薄而透明的高温釉烧成。此种结合彩绘和剔刻的装饰为磁州窑所独有，纹样线条古拙稚趣，图案生动夸张（图81）。磁州窑类型的产品除河北之外，河南、山西乃至陕西、江西等地的窑场也竞相效仿，形成了当时中国最大的民间瓷窑类型。

4. 景德镇窑彩绘瓷

景德镇位于我国赣东北，瓷土资源丰富，昌江流经又有航运之便，早在唐代就开始烧制瓷器，北宋时期烧制的青白瓷就作为贡瓷送往朝廷，元代在景德镇设浮梁瓷局，明、清两代设御窑厂、御器厂，成为全国瓷业的中心。在近千年的发展过程中，景德镇窑有许多创造发明，对中国瓷器发展作出了卓越的贡献。除了青白瓷、枢府瓷以及颜色釉瓷器外，彩瓷也有突出的成就。根据制作工艺，彩瓷主要可以分为釉下彩和釉上彩两种。釉下彩就是在瓷胎上绘画后再上釉入窑高温烧成的彩瓷，主要品种有青花、釉里红两种。釉上彩则是现在上釉烧成的瓷器上绘画，再入窑二次以较低温度烘焙而成，主要品种有五彩、斗彩、珐琅彩、粉彩等，以下将逐一介绍。

（1）釉下彩

① 青花

青花是在瓷坯上用钴料绘彩，施透明釉后入窑高温烧造而成的白地蓝花装饰的高温釉下彩瓷器。钴用于瓷器釉下装饰最早见于唐代。20 世纪 70 年代江苏扬州唐城遗址出土了一批青花瓷片，所绘纹饰不再局限于点彩，而是出现了以线条描绘的各种花纹，其产地据考证是河南巩县。1998 年，从印尼爪哇岛附近海域发现一条 9 世纪的沉船"黑石号"中发现了三件唐代中国生产的青花瓷盘（图 82），这是首次考古发现的完整唐青花瓷器，其胎釉具备了巩县窑的特点。

14 世纪中期，景德镇生产的元代青花成为中国青花瓷器成熟的标志。典型元代青花瓷器造型硕大雄伟，用从中东地区进口的"苏麻离青"绘彩，其特点是低锰高铁，青花呈色鲜艳纯正，青料浓厚处析出黑疵，纹饰层次丰富、绘画细致工丽。图案题材以人物故事、缠枝花卉、鱼藻、云龙、莲池、双凤花卉、开光折枝、竹石花卉瓜果等纹样组成（图 83、84）。花卉纹有大花大叶的特点，龙纹以小头、细颈、长身、三爪或四爪、无发或疏发的形状为常见，颇有时代特征。在元青花瓷器上曾经发现书写娴熟流畅的波斯文，当时可能有来自伊斯兰地区的工匠参与了元青花的创作。

入明以后，初期景德镇尚在战乱的恢复期，所生产的青花瓷器数量减少，质量下降，青花颜色普遍发灰（图 85）。

明代永乐、宣德时期是我国青花瓷的黄金期，此时所用青料主要仍以进口的苏麻离青为主，发色浓艳，胎釉精细，造型多样，纹饰优美。在装饰方面，改变了元代层次多而繁密的构图，流行多留空白地的装饰。其中永乐以花卉、瓜果、龙凤及少量花鸟、人物为典型（图 86）；宣德纹样承袭其制，狮球、波涛海兽、松竹梅、阿拉伯文、人物故事等纹样较为多见（图 87）。永乐朝出现的青花金彩及宣德朝流行的青花海水地白龙纹装饰甚为精美。

成化青花是明代瓷器中的珍品，胎体轻薄精巧，釉面滋润肥腴。其青料是产自景德镇附近乐平的平等青（陂塘青），发色稳定，色调

图82　唐 青花盘（印尼 "黑石号" 沉船出土）

图84　元 景德镇窑青花花卉纹大盘

图83　元 景德镇窑青花萧何月下追韩信图瓶（江苏南京出土）

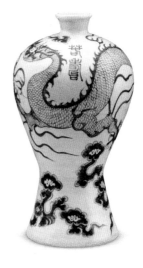

图85　明洪武 景德镇窑青花云龙纹 "春寿" 瓶

图86　明永乐 景德镇窑青花折枝　　　　图87　明宣德 景德镇窑青花花卉纹执壶
　　　　茶花纹扁壶

清新淡雅。绘画采用双勾边线，大笔涂色的方法，色调比较统一。龙纹是成化青花最流行的纹样，有云龙、团龙、行龙、飞翼龙、夔龙、花间龙、莲池龙等，此外尚有十字杵、庭院婴戏、松竹梅、藏文、梵文、八吉祥纹等等，画面绘制极为精细（图88）。

　　正德时期，景德镇青花瓷器一度使用江西瑞州（今高安）的"石子青"绘彩，石子青属于高锰类钴料，因此颜色发灰（图89）。嘉靖、万历时期青花用新疆的"回青"，与石子青配合使用，青色浓郁，微微泛现紫色（图90、91）。

　　明末，景德镇窑青花改用产自浙江金华一带的"浙料"，特别是

图88 明成化 景德镇窑青花山石花
卉纹盖罐

图90 明嘉靖 景德镇窑青花
三阳开泰碗

图89 明正德 景德镇窑青花
阿拉伯文瓶

图91 明万历 景德镇窑青
花龙凤纹出戟尊

图92　清顺治 景德镇窑青花"癸巳
秋日"款山水图瓶

图93　清雍正 景德镇窑青花
花果纹瓶

图94　清乾隆 景德镇窑青花寿
山福海图扁瓶

当时改进了青料提炼的技法，从传统的水选法改为火煅法，从而大大提高了钴料的纯度，使得青花的发色质量由蓝中泛灰变为明艳的蓝青色。清代顺治、康熙时期，景德镇青花发色湛蓝，明亮幽雅。当时运用分水法，使得青花表现出浓淡不同的层次，效果如同中国传统水墨山水画一般（图92）。

清代雍正、乾隆年间是景德镇瓷业发展的鼎盛期，青花生产数量大、质量高。雍正青花清新典雅，有仿明永乐、宣德的风格（图93）。乾隆青花雍容华贵，多有吉祥的寓意（图94）。

景德镇青花瓷的产量和质量在元、明、清三代都是独占鳌头的。

②釉里红

与青花一样，釉里红也是先在瓷坯上绘彩，施透明釉后用高温一次烧成的高温釉下彩瓷器。不同的是釉里红用铜在釉下绘彩，施透明釉后需要在高温还原气氛中烧成，花纹呈鲜亮的红色。它对于烧成气氛的要求特别高，不然就不能烧出纯正的红色。9世纪长沙窑的高温釉下红彩是釉里红瓷器的先声（图95），但应属在烧制以铜为着色剂的绿彩时偶然烧成，并不能证明当时的工匠已经熟练掌握釉下铜红彩的技术。元代景德镇窑真正开始生产釉里

图95　唐 长沙窑釉下红彩碗（来自印尼"黑石号"沉船）

红瓷器，虽然其胎、釉、器型和烧造工艺均与青花器相同，但由于铜的呈色难以控制，故主要采用涂抹或填红的方法绘彩，在装饰上与青花存在很大的差异。在图案题材上也比青花少得多，仅云龙、芦雁、兔等数种。呈色不稳，偏灰、黑色，并有晕散，纹样不清晰。为克服这一缺陷，往往在胎上先刻划出纹样的轮廓及细部，然后用釉里红作地色留出白色图案，或以釉里红涂绘图案，使之产生红地白纹或白地红纹的变化。由于出土器物很少，江苏吴县、高安、保定等地发现的釉里红瓷器具有极高的研究价值，为了解元代釉里红的基本面貌提供了直接的证据（图96）。

图96　元　景德镇窑釉里红龙纹盖罐（江苏吴县出土）

明初洪武朝是釉里红盛行的时期，其时景德镇窑釉里红的生产量大大多于青花。虽然发色仍然黯淡、不纯，但是已经从元代的大笔涂抹发展到如青花般的细致描绘，图案纹样也比元代丰富。由于绘画技术的改进，洪武釉里红的题材基本上与青花一样，构图繁复的缠枝花、折枝花、莲花、扁菊花以及松竹梅、

图97　明洪武　景德镇窑釉里红岁寒三
友图梅瓶（江苏南京出土）

图98　明成化　景德镇窑釉里红三鱼碗（瑞典
东亚博物馆藏）

庭院芭蕉、飞凤、人物故事图等均有所见（图97）。

　　明成化时期尚有少量成功的釉里红产品（图98），以后釉里红衰微，
至清康熙才恢复明前期的水准。清康熙时期完全掌握了釉里红的烧制
技术，发色更好，色泽纯正、稳定，晕散现象也已得到了制，并能随
心所欲地用线条勾勒纹样的轮廓与细部（图99）。并且还创制了"釉里
红加彩""釉里三彩"等新品种（图100）。

图99　清康熙　景德镇窑釉里
红缠枝菊花纹水丞

图101　金　扒村窑彩绘女坐像

图100　清康熙　景德镇窑釉里三
彩海水龙纹瓶

（2）釉上彩

釉上彩是在烧成的瓷器表面绘彩，再经低温焙烧而成。它诞生于 13 世纪的宋、金时期，最早见于中国北方的红绿彩（图101）。元代景德镇窑创烧的卵白釉加彩瓷器是一种特殊的彩瓷，它以彩色立粉和贴金相结合，使

图102 元 卵白釉加彩戗金盘

得风格更为华丽（图102）。明代釉上彩瓷的制作非常发达，唯因还不能烧制釉上蓝彩，而只能用釉下青花来代替。这种釉上、釉下相结合的彩绘瓷，也被称为"青花五彩"。清代釉上彩颇多，极为丰富，可以分为五彩、珐琅彩、粉彩、斗彩、素三彩等品种。

①五彩

五彩瓷器源于明宣德而盛于嘉万。明天启《博物要览》中曾经提到"宣窑五彩，深厚堆垛"。但长期以来，宣德五彩始终不见踪影。偶然间，发现在西藏萨迦寺收藏了全世界仅存的两件宣德五彩瓷器，一件是碗，另一件是高足碗。此外，在景德镇御窑厂遗址也发现了宣德的五彩瓷器标本。由此，五彩起源于宣德得到了证实。五彩高足碗外壁口沿下绘龙纹，腹部有两对鸳鸯嬉戏于莲池之中，口沿内以青花书写藏文吉祥经一周，底部圈足内有"宣德年制"青花楷书

图103 明宣德 景德镇窑青花五彩
鸳鸯莲池纹高足碗

图104 明万历 景德镇窑五彩龙纹盖罐

图105 清康熙 景德镇窑五彩花鸟
纹尊

款（图103）。五彩使用透明彩，缺少层次的渲染，故又称"硬彩"。明代五彩瓷器始于宣德而盛于嘉靖、万历时期，以釉下青花表现蓝色，以发色浓艳而著称，图案以云龙、云凤、云鹤、花卉、灵芝、鱼藻等为多见（图104）。至清康熙朝，随着釉上蓝彩的发明，改变了以往五彩没有蓝彩的历史，从此五彩成为单纯的釉上彩。康熙五彩色泽鲜艳明快，画面和谐统一。装饰上流行花鸟草虫、山水博古、戏曲故事、仕女婴戏等题材。蓝彩为釉上彩，并使用金彩，显得比较富丽（图105）。

②斗彩

斗彩也叫"逗彩"，是一种釉下用青花勾勒纹样全部或大部轮廓线，釉上填五彩的品种。其制作工艺是先在釉下用青花勾勒纹样全部或大部轮廓线后高温烧成，再在釉上青花轮廓线内填绘五彩入窑二次以低温焙烧而成，它是釉下青花和釉上彩绘的结合。宣德时期釉下青花和釉上红彩结合的工艺，可以算是斗彩的滥觞，但是真正意义上的斗彩出现于明代成化年间。明成化斗彩多为小型器物，以天字罐、鸡缸杯、葡萄杯、三秋杯、高士杯等最为名贵，精工细制，胎细腻、釉滋润、色彩典雅。成化斗彩以勾勒平涂填绘的技法为主，工匠能根据不同的选料和配比调制出各种不同的彩色，以使色彩更加丰富（图106）。明嘉靖、万历时期以及清康熙时期的斗彩也比较发达，但是都无法与成化相比。雍正朝粉彩盛行，斗彩以釉下青花和釉上粉彩相结合的工艺为主，使色彩出现深浅浓淡的变化，色彩比较柔和，给人以典雅的感受（图107）。

③珐琅彩

金属胎画珐琅工艺17世纪起源于法国，里摹居（Limoges）是著名的产地。康熙时传入中国，首先出现的是铜胎画珐琅。珐琅彩瓷器是创造性地将以往装饰于铜胎上的

图106 明成化 景德镇窑斗彩鸡缸杯

图108 清康熙 景德镇窑黄地珐琅
彩花卉纹碗

图107 清雍正 景德镇窑斗彩折枝花
卉纹瓶

图110 清乾隆 景德镇窑珐琅彩
人物图瓶

图109 清雍正 景德镇窑珐琅彩松竹梅纹瓶

珐琅彩施于瓷器之上，称为"瓷胎画珐琅"。此工艺开始于 17 世纪末，通常由景德镇御器厂烧制素瓷运往宫内，再由造办处珐琅作承担绘彩及烘烧。珐琅彩含有砷，并使用以黄金着色的胭脂红（金红），黄彩多以氧化锑与锡为着色剂。珐琅彩具有色彩浓厚、鲜艳、层次丰富的特点，有较强的立体感，并具有油画的质感。康熙珐琅彩使用进口珐琅料，彩料较厚，有凸起感，有的会出现细小的冰裂纹。题材大多以黄、红、蓝、豆绿等颜色作地，彩绘牡丹、月季、莲花、菊花等对称的花卉图案（图 108）。雍正珐琅彩风格典雅，大多以白色为地，题材以花鸟为主，配上题诗、篆印，俨然是中国传统工笔画在瓷器上的再现（图 109）。乾隆珐琅彩流行人物描绘，且吸收了西洋油画的技法，注重表现人物面部的光影和层次，更有立体感（图 110）。

④粉彩

粉彩是清朝康熙后期在珐琅彩基础上创烧的一种低温釉上彩。在绘彩之前先施一层以青矾、石末、玻璃粉、牙硝、白信石等组成、有较强乳浊作用的"玻璃白"，然后施彩，并把彩色自深至浅逐步洗开，使得色彩更富有层次感，更为柔和，具有更强的表现力。故此，人们又将粉彩称为"软彩"。康熙后期粉彩刚刚出现，仅仅使用了以黄金作呈色剂的胭脂红（图111）；雍正瓷器瓷胎洁白轻薄，釉色莹润如玉，粉彩在制作精致、胎釉俱佳的瓷器上得到充分发展，呈色丰富，色泽明亮柔丽，运用没骨法等传统工笔画技法，层次清晰，极富

图111 清康熙 景德镇窑粉彩花卉纹盘

立体感,终于登上釉上彩瓷器的巅峰(图112);乾隆粉彩瓷器则以装饰繁华、造型奇巧而著称,多用金彩勾勒纹饰的轮廓,以吉祥、喜庆的诸如蝙蝠、双鱼、寿桃、磬、结、璎珞、夔龙等图案,组成福寿万代、吉庆万福、万寿吉庆、吉庆有余等题材(图113)。

图112 清雍正 景德镇窑粉彩牡丹纹瓶

图113 清乾隆 景德镇窑粉彩百鹿图双耳尊　　图114 明成化 景德镇窑素三彩鸭形香薰

⑤ 素三彩

素三彩是明清两代景德镇创烧的低温釉上彩瓷器。它是先在瓷坯上刻划好纹饰，上釉高温烧成素瓷，再用黄、绿、紫三色为主的彩料填绘在花纹上，二次入炉低温烘烤而成。由于彩料中不用红色，色调素净淡雅，故称素三彩。它始烧于明代成化，素三彩鸭形香薰是其代表（图114）。正德时期技术已臻成熟，器物制作十分精致，色彩的运用也较成化更为丰富。纹样也较丰富，流行折枝、缠枝莲花，蔓草纹以及海水蟾蜍图等等（图115）。素三彩

图115 明正德 景德镇窑素三彩海水蟾蜍图洗

图116　清康熙 景德镇窑素三彩
　　　　六方香薰

在康熙朝达到了顶峰，不仅数量多，而且在造型、装饰技法、图案纹样、色彩变化上都获得了空前绝后的成就。康熙时期，除了继承传统的装饰工艺外还有所发展，使装饰更加多样、色彩更加鲜艳明亮。故宫博物院藏清康熙景德镇窑素三彩六方香薰造型典雅，色彩温润，绘工精致（图116）。

（3）杂釉彩

　　除五彩、青花五彩、粉彩、珐琅彩、斗彩之外其余品种的景德镇彩瓷均归于杂釉彩，其中有釉上彩、釉下刻划和釉上填绘釉彩等品种。景德镇杂釉彩的烧制可上溯至元代，1988年在景德镇珠山北麓——风景路沟道内发现的蓝地金彩、孔雀绿地青花、孔雀绿地金彩及传世所见与之特征相类的蓝地金彩、蓝地白花等杂釉彩制品当属是目前所见景德镇最早的杂釉彩瓷器。明代的杂釉彩有白地釉上红彩、绿彩、褐彩、金彩、黄彩，青花红彩、金彩，黄地青花、绿彩、紫彩、金彩，绿地黄彩等。清代杂釉彩品种更加丰富，除了明代的各个品种依然烧造之外，新创的品种有金地蓝彩、黑地白花、黑地描金、粉青地金彩、湖绿地金彩、黄地釉里红、湖绿地红彩、湖绿釉地白彩、白地胭脂红彩、青花胭脂红彩等。上海博物馆收藏的青花胭脂红彩福寿纹螭耳瓶是传世不可多得的佳作，形制高大华丽，色彩艳丽娇美（图117）。

四 流光溢彩·颜色釉

颜色釉有高、低温之分。传统的高温釉的主要呈色元素有铜、钴、铁等，烧成黑、红、蓝、酱等颜色釉；低温釉的呈色元素主要为铜、铁、锰等，烧成红、绿、黄、紫等颜色釉。高温颜色釉源于2世纪初的黑釉，至14世纪成熟的铜红釉、钴蓝釉的出现以后，得到较快发展；低温颜色釉源于金代定窑的绿釉，14世纪景德镇窑孔雀绿釉和明清两

图117　清乾隆 景德镇窑青花胭脂红福寿纹螭耳瓶

代御器厂的设立，推动了低温釉的繁荣。特别是清代工匠们更是在继承传统工艺的基础上，吸收外国技术，增加了金、锑等着色剂，创烧出浓淡深浅不一的各种釉色。红色的浓烈奔放，黄色的雍容华贵、蓝色的恬和静谧，紫色的神秘典雅，千变万化、异彩纷呈。更有生动逼真的仿工艺釉，制造出青铜器、金银器、玉器、漆器以及竹刻等效果，显示了瓷器的高度表现力和工匠们的智慧。

1. 黑釉

东汉中后期，黑瓷登上了历史舞台，成为瓷器生产的一大门类。江苏丹阳东汉永元十三年（101年）墓出土的黑瓷小罐是目前所见最早的黑釉瓷器（图118）。黑釉的出现与釉中铁和钛元素含量的高低直接联系，与釉层的厚度也有关系。一般来说，青釉中氧化铁和氧化钛的含量在2%~3%之间。当超过3%时，釉的颜色就能变为深棕色到黑色。当铁钛含量高达7%~10%时，呈现出来的黑褐色就称之为黑釉。此外，较厚的釉比较薄的釉显得更黑。在浙江上虞、宁波的东汉窑址中发现除了烧制青瓷之外同时也烧制黑釉瓷器，其黑釉中铁钛的含量在6%以上。黑瓷的创烧如青瓷一样成为人类文明史中辉煌的一部分。东晋浙江德清窑的兴起，标志着黑瓷烧造技术的成熟。黑色是装饰中很好的底色，唐代时窑工开始利用这种优势，生产具有独特装饰风格的花釉瓷器。宋代斗茶成风，所用黑釉茶盏十分普及，装饰手法千变万化。鲁山花釉、建窑结晶釉和吉州窑复合釉皆是黑釉瓷器的突出代表。清代康熙乌金釉的创制，代表了黑瓷烧造的最高水平。

历史上黑釉瓷大致分为三种：单色黑釉、复合加彩和结晶釉。

图118 东汉 永元十三年（101年）
黑瓷小罐（江苏丹阳出土）

（1）单色黑釉

早期黑瓷多为单色黑釉，由于釉、烧成温度与气氛的不同，釉色有深棕、黑色的变化。由于釉色深浅随釉层厚度变化，因此釉薄处经常出现透出浅色胎的"出筋"现象。东晋、南朝时期浙江的德清窑黑瓷为早期黑釉瓷的代表，釉中氧化铁含量高达 8%，釉面滋润光亮，色黑如漆，典型器物为鸡首壶和盘口壶（图 119）。

图119　东晋 德清窑黑釉四系盘口壶

（2）复合加彩

8世纪以后在黑釉上复合施加另一种釉的装饰方式流行起来。烧制过程中复合的加彩与黑釉在高温和气氛条件下经过物理化学反应，呈现变化丰富的装饰效果，如唐代的鲁山花釉和宋代的吉州窑就是。花釉是在黑釉上饰以天蓝或月白色彩斑，用深沉的底色来衬托浅色的彩斑，对比鲜明，格外醒目。烧造花釉的瓷窑主要有河南鲁山窑、黄道窑、禹县窑和山西交城窑等，最著名的器形是腰鼓。唐代南卓《羯鼓录》提到的"鲁山花瓷"就是鲁山窑烧造的花釉瓷腰鼓（图120）。吉

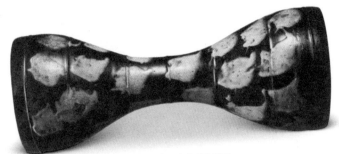

图120 唐 鲁山窑花釉瓷腰鼓

图121 南宋 吉州窑剪纸贴花
三凤纹碗

图122 南宋 吉州窑黑釉木
叶纹碗

州窑黑釉继建窑而起又有创新，它以两种不同的色釉，通过剪纸贴花、木叶贴花等加以装饰，取得了与建窑结晶釉类似而又有区别的效果。剪纸贴花（图121）就是将剪刻的纸花贴在已经施黑釉的坯体上，再施浅色釉后将纸花剥去，然后入窑烧制。木叶贴花（图122）就是将经过腐蚀处理的天然树叶蘸上浅色釉浆后贴在已经施黑釉的坯体上，焙烧以后树叶的形状和脉络都清晰地留在器壁上。这两种方法都是宋代吉州窑的创新，在黑釉的底

图123 南宋 吉州窑玳瑁釉碗　　　　　图124 宋 建窑黑釉兔毫盏

色中呈现美丽的黄色纹饰，十分醒目，意趣盎然。此外，"玳瑁"也是宋、元时期江西吉州窑所创烧复合釉品种，因黑色釉面上呈现黄色的斑纹，酷似海龟科动物玳瑁背甲上的纹饰因而得名（图123）。

（3）结晶釉

建窑在今福建省建阳县水吉镇，11世纪建窑创烧成功黑色结晶釉，在黑釉表面出现变幻无穷的斑纹或如兔毫、或如星辰，都是由于铁在釉层表面的过饱和析晶所引起的，显示出一千多年前，先民对陶瓷材料掌握已经达到了一个新的高度。结晶釉的代表有兔毫、油滴和鹧鸪斑。兔毫是在烧制过程中，富含磁铁矿或赤铁矿的釉随着釉的流动一起往下流动，在逐渐冷却过程中铁在黑色釉面上析出晶体，表现为尖细的棕黄色或银色条纹，呈兔毛状，史称"金褐兔毫""银兔毫"，是斗茶的上品（图124）。油滴斑是釉面上散布许多大小不一磁铁矿或赤铁矿小晶体的聚集体，表现为带有银灰色或赭红色金属光泽的小圆点，宋代称为"滴珠"（图125）。"曜变"则是釉面不规则结晶斑周

图125 宋 建窑黑釉油滴盏

图126 宋 建窑黑釉曜变盏（现藏日本）

围光晕的颜色随着阳光入射角度的变化而呈现不同的彩虹般的色彩（图126）。结晶釉瓷器大多是茶盏、碗之类小件器，精致可爱。与当时风行的"斗茶"习俗密切相关，"兔毫""滴珠"等茶盏遂受到普遍的欢迎。北宋时期，中国流行饮用末茶，它有一套复杂的程序，每一道程序操作得如何将直接影响到茶水的质量。当时的文人士大夫十分热衷于此道，逐渐演变为一种称为"斗茶"的游戏，比试优劣的标准就是沏茶以后茶水表面茶沫的清亮程度和持久性。建窑黑釉茶盏胎厚宜于保温，釉黑又利于衬托茶沫，因此随着"斗茶"的流行而风行大江南北，为文人墨客所竞相颂扬，如苏东坡称之为"来试点茶三昧手，勿惊午盏兔毛斑"，宋徽宗赵佶在《大观茶论》中称"盏色贵青黑，玉毫条达者为上"，陶毂《清异录》"闽中造盏，花纹鹧鸪斑点，试茶家珍之"等等。

（4）乌金釉

乌金釉是康熙时期创烧的黑釉，与历代黑釉中的呈色剂主要是铁和钛不同，乌金釉的原料中主要着色原料是含有铁、钛、钴、锰等元素的乌金土或赭石，因此釉色很黑、光泽如漆，即使釉层薄也丝毫不影响它的呈色，因此是中国古代黑釉瓷器的巅峰。乌金釉可以作为黑地釉上装饰的优质地釉，因此纯粹的乌金釉瓷器不多，多见在黑釉上用金彩描绘各种锦地或开光描绘五彩纹饰（图127）。

2. 铜红釉

铜红釉作为一种高温颜色釉，它以铜为呈色剂，在要求较高的高温还原气氛中烧成。铜红釉是由釉中的胶体金属铜离子着色的，它对入射光线反射为红色，并且由于大小颗粒所形成反射光波长的差异而呈现出不同色阶的红色。铜红釉起源于8～9世纪的长沙窑，因为当

图127　清康熙　景德镇窑
乌金釉描金瓶

图128 元 景德镇窑红釉文吏俑

时用铜作绿釉的呈色剂，在偶然得到的高温还原气氛中烧成了红色。直到10世纪，烧制通体一色的铜红釉仍然极为不易。真正的铜红釉出现于14世纪的元代，从北京元大都、江西等地出土的元代红釉瓷器看，其色泽虽不够鲜艳，但呈色浓重，表明红釉的烧制技术已经基本成形（图128）。高温红釉在明代早期趋于成熟，烧成了纯正的宝石红釉。17世纪后期，清康熙出现了郎窑红、豇豆红等新品种，这是铜红釉得到大发展的黄金时期。

明清时期著名的铜红釉品种主要有宝石红、郎窑红、豇豆红。

（1）宝石红

宝石红是明代永乐、宣德时期著名的红釉品种，属于祭红的一种。永乐红釉胎质细腻滋润，釉色莹润透亮，釉层晶莹透亮，鲜艳如初凝鸡血，犹如红宝石一般灿烂夺目。器口因釉的垂流，往往呈现一周整齐的白色的边线，俗称"灯草边"，与浑然一体的红釉相映成趣。宣德红釉的质量与永乐相类，器型较为丰富，故宫博物院收藏的宣德时期景德镇窑红釉僧帽壶的红釉光亮明艳，是明代宝石红釉的代表（图129）。

图129 明宣德 景德镇窑红釉僧帽壶   图130 清康熙 景德镇窑郎窑红瓶

（2）郎窑红

郎窑红传说是康熙年间江西巡抚郎廷极主持景德镇御窑厂窑务时烧造成功的高温红釉瓷器，故名"郎窑红"。其色泽浓艳，似初凝的牛血般猩红，具有强烈的玻璃光泽，又有牛血红之称。釉汁肥厚，釉面有大片裂纹和不规则的牛毛纹。在烧制过程中釉汁下垂，使口沿因釉的流淌显露白色，而器物底边因圈足修削使釉不再继续垂流，釉汁凝聚呈黑红色，故有"脱口垂足郎不流"之说（图130）。

（3）豇豆红

豇豆红又称"美人醉""桃花片"，是一种呈色多变的高温铜红釉，是康熙时期的名贵品种。其釉色淡雅，釉面局部氧化而呈绿色苔点。在浑然一体的红色中隐现点点绿斑，更显幽雅清淡、柔和悦目。豇豆红用多层次吹釉法施釉，在还原气氛中烧成。其表面存在局部色料分布不均匀的情况，在铜富集且铜颗粒较粗大、氧化钙较多的地方，烧氧化焰时较易熔融，其中的铜以二价铜离子的状态溶解于釉中，当窑炉变为还原气氛时，已经无法改变釉中铜的价态，因此绿色依然存在。其烧制难度极大。常见器形有印盒、水盂、柳叶瓶等文房用具。豇豆红水丞造型典雅美观，釉层滋润，十分精美（图131）。

3. 钴蓝釉

将描绘青花的色料钴掺入釉料，在一定温度下可以烧出深浅不同的各种蓝釉器。中国陶瓷中用钴着色的蓝色釉在 7 世纪的唐代已有，但那时还属于低温铅釉。14 世纪的景德镇窑创烧出深沉纯正的高温蓝釉。明代蓝釉已经成为与红釉、白釉并称的精品瓷器。

蓝釉的品种繁多，主要有霁蓝釉、洒蓝釉和天蓝釉等几种。

（1）霁蓝釉

元代创烧成功的高温蓝釉色调浓艳

图131　清康熙 景德镇窑豇豆红水丞

深沉，釉面光亮润泽细腻。元代蓝
釉的装饰技法主要有两种，一种是
在蓝釉上绘金彩，给人一种豪华富
贵的感觉；另一种则是在蓝釉地上
留出白色花纹，形成蓝釉白花，形
成强烈的色彩反差。扬州博物馆收
藏的元代后期景德镇窑蓝釉白龙纹
瓶是蓝釉白花的代表作，对比鲜明，
色泽明艳，十分精美（图132）。

图132　元　景德镇窑蓝釉白龙纹瓶

（2）洒蓝釉

　　洒蓝釉以吹釉法施釉，用一端
包上纱布的竹管将釉吹附在瓷胎上，入窑高温烧成，形成蓝中夹白，
星星点点，类似雪花的效果，有"雪花釉"之称。它创烧于明宣德年
间，清康熙时大量烧造，技术纯熟。首都博物馆收藏的洒蓝釉钵，底
部书有"大明宣德年制"款，是难得一见的珍品（图133）。

（3）天蓝釉

　　天蓝釉是一种高温颜色釉，创烧于清康熙年间。在釉中加1%以下
的钴料，在高温中可以烧成犹如天空一般的蓝色。康熙、雍正两朝的天
蓝釉制作精美，大多为官窑小件器，如清代康熙时期景德镇窑烧造的一
件天蓝釉琵琶尊，釉色纯净，幽雅隽永，令人赏心悦目（图134）。

图133 明宣德 景德镇窑洒蓝釉钵

图134 清康熙 景德镇窑天蓝
釉琵琶尊

图135 唐 耀州窑茶叶末釉执壶（陕西
铜川黄堡耀州窑窑址出土）

图136 清乾隆 景德镇窑茶叶末釉双
绥葫芦瓶

（4）茶叶末釉

茶叶末釉是我国古代铁结晶釉中的重要品种之一，经高温还原焰烧成，釉色黄、绿掺杂，在黄褐色的底色中散布着许多细小的绿色斑点，似茶叶碎末，故名。茶叶末釉始烧于唐代，当时的耀州窑曾大量烧制（图135）。唐宋时期，山西浑源窑和北方地区一些烧黑釉的窑场也有烧造。清代景德镇茶叶末釉的烧制十分成功，一跃成为名贵的色釉品种。景德镇清代烧成的茶叶末釉多数为琢器陈设瓷器。从传世实物看，以雍正和乾隆时期产品为多见，茶叶末釉呈青褐色的被清代文献称为鳝鱼青、蟹甲青、蛇皮绿，釉色泛黄的称为鳝鱼黄，釉面凝厚失透，散布着不规则黄色或黑绿色斑点及丝条痕。器皿一般多通体施釉（图136）。除素面外，流行剔刻花装饰，部分有描金纹样。

4. 彩色铅釉

铅釉是氧化铅为主要助熔剂的低温釉，在烧成的瓷器表面施釉后再用约800℃烧成。由于烧成温度不高，因此色料的选择范围比高温釉广泛，釉色也丰富得多。景德镇窑在14世纪创烧成功的孔雀绿釉；15世纪烧成黄釉；16世纪烧成法华釉；17世纪以后各种颜色釉瓷器纷纷创烧，形成色彩缤纷的彩色世界。

（1）红釉

低温红釉是铁在氧化气氛中烧成后的呈色。明代低温红釉目前仅见矾红釉，矾红釉是一种在高温烧成的白瓷或涩胎瓷上，以铁为呈色剂、铅为助溶剂低温二次烧成的品种。由于以青矾煅炼后得到的氧化铁为着色剂，故有矾红之称。釉多呈浓艳的枣红色，釉面匀净。清代，特别是康熙以后的红釉以珊瑚红为典型，釉面滋润失透（图137）。圆器或内外施红釉、圈足底部透明釉，或外壁红釉、内里与圈足透明釉，少量通体红釉。此外，在施釉方式上，明代多采用抹釉工艺。清代多见吹釉技法，所以清代红釉表面有不易察觉的颗粒痕。

图137　清康熙 景德镇窑珊瑚红釉瓶

（2）绿釉

低温绿釉在高温烧成的白瓷上施以铜为呈色剂，铅为主要助熔剂的釉，在低温氧化气氛中二次烧成。在中国古代陶器上早已有运用，如汉代铅釉陶、唐代及辽代三彩陶器中的绿釉即是。明清时期，景德镇将低温绿釉技术运用到瓷器上，特别是清代康熙以后低温绿釉有了较大的发展，以不同的配方烧制出了苹果绿、松石绿、瓜皮绿（图138）、秋葵绿、湖绿、水绿等不同的绿釉，大大丰富了低温绿釉的呈色。

图138　清康熙 景德镇窑绿釉秋　　　　图139　元 景德镇窑孔雀绿釉盖盒
叶式笔掭　　　　　　　　　　　　　　　　　（江西景德镇出土）

（3）孔雀绿釉

孔雀绿釉又称"法翠"，是一种以铜为着色剂、以氧化铅为助熔剂二次烧成的低温铅釉。孔雀绿釉最早见于宋代磁州窑，是在黑彩瓷器表面加施的一层低温釉，色调晦暗，由于胎和化妆土大多生烧，因此无法通过高温化学反应生成反应层，造成胎釉结合不好而较易剥落。而景德镇窑于 14 世纪开始烧制的孔雀绿釉添加了富含氧化钾的牙硝，则完全摆脱了这些弊端，胎釉结合良好，而且是纯粹的单色釉。到明代正德孔雀绿釉的数量增多且质量提高；清代康熙时期其生产达到鼎盛。景德镇窑孔雀绿釉色调鲜艳、青翠欲滴，十分鲜嫩可爱。在景德镇元代瓷窑遗址出土的元代孔雀绿釉盖盒胎釉结合良好，是目前可见最早的孔雀绿釉瓷器标本（图139）。明代宣德时，孔雀绿釉通常在白釉器上再罩一次；成化时代孔雀绿釉晶莹艳丽，将青花瓷器复罩孔雀绿釉是此时的名贵品种；正德孔雀绿釉的烧制最为成功，其色调如孔雀羽毛般青翠鲜艳，多见碗类，常见釉下刻暗花。

图140　明弘治 景德镇窑黄釉盘

（4）黄釉

低温黄釉也称"铁黄""锑黄"，是以铁或锑为着色剂、在氧化气氛中烧成的低温铅釉。铁黄创烧于15世纪早期，传世有宣德官窑的黄釉青花瓷器。明成化、弘治、正德时期是黄釉的最盛期。尤其是弘治黄釉，釉色娇嫩、光亮、淡雅，有"娇黄""蜜蜡黄"等美称，达到了历史上低温黄釉的最高水平。（图140）清康熙晚期，随着珐琅彩从法国引入，出现以锑为主要呈色剂的黄釉。色泽较铁黄釉娇艳浅淡，并有深浅浓淡的变化，"淡黄釉""柠檬黄釉""鸡蛋黄釉"之称籍此而来。唐英在《陶成纪事》中将之称为"西洋黄色器皿"。目前所见锑黄釉以雍正官窑器为早，以后各朝均有烧造。雍正、乾隆锑黄釉呈色有浓淡之分，釉面柔丽恬雅。

（5）法华

法华器原为明代山西南部一带流行的以牙硝为助熔剂的高碱釉陶，其装饰通常在器物表面以"立粉"技法勾勒纹饰的轮廓，再以各种彩色填充。这种技法被景德镇移植到瓷器装饰上，遂形成明代后期盛行的一种新品种——瓷胎法华器。景德镇窑法华瓷器以花卉、孔雀、龙纹、人物等为装饰，色彩以孔雀绿、蓝、紫、绿、黄为主，也有描金装饰。器形以瓶、罐为主。上海博物馆收藏的景德镇窑法华釉描金云龙纹贯耳瓶上用金彩描绘纹饰，点缀口沿和贯耳边沿，显得富丽堂皇（图141）。

（6）金釉

金釉是清康熙的创新品种，将金粉溶入胶水，加适量铅粉，涂抹在瓷器表面，经低温烘烤后，再用玛瑙棒或石英砂在表面碾磨抛光。制作完成的金釉器色如黄金，光亮璀璨（图142）。

（7）胭脂红釉

胭脂红釉是清代康熙晚期景德镇官窑受进口彩料影响，创烧的一种在高温烧成的白瓷或涩胎瓷上施以微量金为呈色剂、低温二次烧成的品种，有"金红""洋红"之称。釉汁细腻、光润、匀净，色如胭脂（图143）。釉中金含量的多寡，往

图141　明嘉清 景德镇窑法华釉描金云龙纹贯耳瓶

图142　清康熙 景德镇窑金釉碗

图143 清雍正 景德镇窑胭脂
红釉盖碗

图144 清乾隆 景德镇窑仿铜釉觚

往会对釉色的深浅浓淡产生影响，在通常情况下，釉中含万分之二的金，呈色较浓艳，釉中含万分之一的金，呈色较浅淡，"蔷薇红""玫瑰红""胭脂红"等称呼由此而来。胭脂红釉一般采用吹釉工艺，釉面有不易察觉的颗粒痕迹。

（8）仿工艺釉

仿工艺釉是清乾隆时期景德镇窑制瓷工艺的特殊品种。它以瓷为胎，通过各种高温、低温釉和彩绘，仿制铜、玉、石、竹、木、漆等各种质地的器物，惟妙惟肖，达到几乎可以乱真的程度，表现出景德镇窑制瓷工艺的高度发展。古铜釉就是模仿古代青铜器，它在茶叶末釉上用红、绿、黑、蓝等低温彩仿青铜器的斑驳锈痕，或者用金彩银彩摹绘错金银纹饰。上海博物馆收藏的景德镇窑仿铜釉觚就是此类器物的代表（图144）。

第三章

瓷器外销和中外
制瓷技术交流

瓷器外销和中外制瓷技术交流

　　瓷器是中国的发明，它不但是中国人日常生活、艺术欣赏活动中不可缺少的对象，还大量用于外销，有着庞大的海外市场，在海外广大地区产生了深远的影响。瓷器、丝绸和药材自古以来便是中外交换、赐赠和贸易的三大宗。从唐代开始，就有一艘艘海船满载各色中国瓷器销往各地。元代的青花瓷器是伊斯兰世界十分普遍的生活用具。明代还出现根据外国生活习俗和审美情趣专门定制的瓷器。这些瓷器现在分布在埃及、伊拉克、日本、朝鲜、伊朗、土耳其、印度、荷兰、英国、瑞典等亚、欧、非各国。它们对于我们了解各时期瓷器的生产面貌和当时国外人的文化生活有着很大的帮助。

　　中国的瓷器外销主要集中在唐五代、宋元和明清三个时期，不同朝代，外销瓷器种类、风格和贸易的基本情况也有差异，以下我们就分别介绍一个各时期的瓷器外销的特点。

一　唐五代瓷器的外销

唐代是我国历史上非常繁盛的一个朝代，国力强大，文化发达，国内外使节、僧侣、商人往来密切，互通有无，中外交流频繁。此时也是瓷业大发展的时期，制瓷技术上有了很大突破，全国窑厂数量增加，分布区域大大扩展，产品的种类和质量都有很大提高。南方的青瓷和北方的白瓷平分秋色，各类装饰技术的发明和运用，形成了众星拱月的局面。唐代制瓷业"南青北白"格局的形成决定了越窑青瓷和北方白瓷在对外贸易中的主导地位。长沙窑的异军突起，特有的釉下彩瓷在中、西亚市场占有一定份额。唐代开始，陶瓷贸易商人遍布全球，波斯、阿拉伯商人穿梭于太平洋、印度洋之间，谋取暴利的同时也使各国之间互通有无，促进了全球各地物质、经济、文化各层面的交流。五代，吴越钱氏大力发展海外贸易，越窑瓷器外销的范围和规模达到前所未有的高度，即便是远在东非的民众也可获得。中国陶瓷毫无疑问成为世界热销商品。

唐代文献对于当时陶瓷外销的盛况已有记录，但更丰富的信息存在于 8～10 世纪旅行家、商人、文人笔记，地方志、族谱等材料中：阿拉伯作家扎西兹、伊本·法吉赫、苏莱曼伊本·库达特拔查希兹等在他们的文字记载中均提到了从中国输出的瓷器。

当时海上交通的开发，航海技术的提高，造船业的发展都为瓷器外运提供了有力条件。至迟从9世纪下半叶开始，我国瓷器已经大批运往国外了。唐代东、西洋航路所到之处都发现了唐代瓷器碎片。越窑青瓷、邢窑白瓷和长沙窑彩绘瓷在日本、菲律宾、印度尼西亚等地都有出土。20世纪开始，国内乃至世界各港口、城市不断有中国瓷片出土，为我们复原当时的外销的路线提供了最直接的材料，这些地区包括中国的扬州、宁波以及日本、朝鲜半岛、泰国、菲律宾、印度、斯里兰卡、巴基斯坦、印度尼西亚、马来西亚、伊拉克、伊朗、埃及乃至非洲的苏丹、肯尼亚、坦桑尼亚等地都发现了出土中国唐五代时期瓷器的遗址等。20世纪90年代末以来，在印度尼西亚海域陆续发现了9世纪和10世纪的沉船，满载着来自中国的长沙窑（图145）、越窑（图146）、邢窑（图147）等生产的出口瓷器。9世纪上半叶，一艘满载中国奢侈品的阿拉伯商船在靠近巽它海峡的西爪哇海珊瑚礁附近的勿里洞岛沉没，此地当地人称"黑石"，故名"黑石号"。1998、1999年，德国探险队在此打捞出超过7万件中国货物，其中98%为陶瓷器，包括越窑青瓷、广东地区青瓷、长沙窑瓷器、邢窑白瓷、巩义窑白瓷、白釉绿彩瓷和三件唐青花盘。数量最多的是长沙窑瓷器，有近6万件，其中一件长沙窑瓷碗外壁刻有纪年铭文"宝历二年七月十六日"，即826年，由此确定了这批外销瓷生产的大致时间，是海

图147 唐 邢窑白釉盏托（来自印尼
"黑石号"沉船）

图146 唐 越窑青釉执壶（来自
印尼"黑石号"沉船）

图145 唐 长沙窑青釉褐彩壶（来自
印尼"黑石号"沉船）

外交通航线上发现最早的中国沉船货品。此外，在越南广义、印尼印坦、印尼爪哇井里汶等处均发现了 9～10 世纪运载中国瓷器的沉船。日本陶瓷学者三上次男先生曾经提出了"陶瓷之路"的概念，指的就是当时瓷器外销的航路。唐、五代时期海路航线形成庞大的网络。南部，从浙江、福建、广东几省出发入南海，过马六甲海峡，经印度洋，可至阿拉伯海、红海、地中海沿岸各国。贾耽在《皇华四达记·广州通海夷道》中记载了从广州出发，经香港、海南到达越南东海岸的航行路线。然而，此地并非海路的终点，而是通往印度洋漫长航线的起点。北部，我国与朝鲜、日本贸易有官方和民间两个途径，取道南北两路。北路即为秦汉以来形成的北方海上丝路，与贾耽《登州海行入高丽·渤海道》记述的路线基本一致。南路则从明州（宁波）出发，横渡东中国海，到达值嘉岛，由此进入博多津。除了海上"陶瓷之路"外，也有一部分瓷器是通过汉代以来形成的丝绸之路，也就是由西安出发，经新疆出关，到达中亚、波斯等地，最后抵达地中海各国。从上述材料中我们可以概括唐、五代时期瓷器外销主要有三条路线：一条是传统的丝绸之路，即从西安出发，经陆路到中亚、西亚和地中海各国；二是从广州出发，经越南、马来半岛、苏门达腊，至印度、斯里兰卡，再到阿拉伯；三是从宁波出发，东行至朝鲜和日本。这些瓷器大部分是朝廷对各国元首、使节的赏赐和馈赠，也有一些是政府和民间的贸易。唐代开始在一些大城市设有国际性的市场，里面有许多来自亚洲各地的商人，他们被精美的中国瓷器所吸引，将这些器物带回各自的国家。

图148 唐 长沙窑绿彩阿拉伯文碗
（来自印尼"黑石号"沉船）

这一时期，最有特色的外销瓷生产地是湖南长沙窑。长沙窑大致兴起于"安史之乱"以后，盛于中晚唐时期，窑址位于长沙市望城县铜官镇及石渚湖一代，是唐代著名的外销瓷窑。朝鲜、日本、泰国、伊朗乃至东非肯尼亚等地都出土过长沙窑产品。长沙窑产品最大的特点是能使用外销的需要，生产一些具有域外艺术风格的瓷器。例如它生产一些如扁壶之类的仿西亚金属器的瓷器，大胆运用褐绿彩绘以增强瓷器的装饰效果，使得色彩更为丰富。一些器物表面堆贴了胡人乐舞、狮子、椰枣等图案，甚至书写波斯文、阿拉伯文（图148），在造型和装饰上迎合国外的需求、喜好。正因为如此，长沙窑的销量急剧增加，到了晚唐时期成为与越窑青瓷、邢窑白瓷并列的"三组合"，使得瓷器外销进入一个新阶段。

二 宋元时期瓷器的外销

宋代我国制瓷业发展到了一个高峰期，五大名窑的形成，瓷窑类型的出现，窑厂自身的发展和相互间的模仿交流，使得瓷器的品种、数量、质量上都取得了空前的成就。不仅国内的瓷器贸易兴旺发达，外销的数量也是有增无减，市场更加扩大，延伸到东亚、南亚、西亚和非洲东海岸。长期的中外交流使得各国对彼此的物产有了进一步的了解。宋代，对外贸易成为国家的主要收入来源之一，海路已经取代陆路成为贸易的主要渠道，朝廷强调"东南利国之大，舶商亦居其一"，对市舶贸易寄予厚望，务求"岁获厚利，兼使外蕃辐辏中国"。继唐代在广州设立市舶司后，宋朝政府先后在广州、杭州、明州（今浙江宁波）、秀州（今浙江嘉兴）、温州、阴州（今江苏江阴）、澉浦（今浙江海盐）、泉州、密州（今山东诸城）等九处设立市舶司，以管理来华的外商和对外贸易。其中以东南沿海的广州、明州、泉州、杭州四个城市的市舶司规模最大，持续时间最长。此时造船业十分发达，海船的载重量大大提高。宋代所造海船"大如广厦"，"上平如衡，下则如刃"，可破浪而行，为海外贸易提供了坚实的保障。在航海技术上，罗盘针的发明和应用，各种设备和技术的进步，保证了船只海上航行的安全和效率，减少了航运的风险。北宋徐竞的《宣和奉史高丽图经》卷三十二器皿条说陶炉时，提到"越州古秘色""汝州新窑器"，可见当时有一部分中国瓷器已经成为高丽人的收藏或生活日用器。南宋赵汝适的《诸蕃志》中提到当时有十五个国家和地区用瓷器进行贸易，计有占城、真腊、三佛齐、单马令、凌牙斯、佛啰安、蓝无里、阇婆、南毗、故临、层拔、渤泥、西龙宫、麻逸及三屿等十余处，地理范围大致是现在亚洲的越南、柬埔寨、马来西亚、印度尼西亚、菲律宾、印度和非洲的坦桑尼亚等地。在印尼的爪哇、苏门答腊，菲律宾的巴拉望，日本的鹿儿岛、五岛列岛以及中国南海西沙群岛、福建平潭、莆田、连江等地海域都发现了宋代运输中国外销瓷器的沉船。当时瓷器贸易品种有青瓷、白瓷及青白瓷，产地包括浙江的越窑和龙泉窑、江西景德镇窑以及广东、福建诸窑口。19世纪以来，各国的考古发掘也不断有新发现，日本镰仓、福冈等地出土大量宋代青瓷、青白瓷；朝鲜半岛也出土大量景德镇青白瓷；东南亚地区也发现一些福建德化、广州西村等窑的产品，有些用途比较特殊。近年在我国广东沿海发现的宋代沉船"南海Ⅰ号"，满载着江西、福建、浙江等地生产的出口瓷器，就是当时瓷器外销十分繁荣的明证。此外，亚非不少国家的古城废墟和沿海城市也发现很多宋代瓷器的标本、碎片。当时外销瓷产地主要集中在南方，在遗址发现的遗物中还包括一些北方瓷窑，如耀州窑、定窑、当阳峪窑及磁州窑系产品。耀州窑标本曾在韩国开城、庆州等数处，日本京都、埃及福斯塔特、阿曼苏哈尔、东非坦桑尼亚等地出土；定窑标本则见于韩国多处遗址，日本镰仓、平泉、埃及福斯塔特等地，但出土地点和数量都相当有限。

　　元代是个多民族大帝国，国家的强盛、版图的扩大增进了各地文化的交流和融合。制瓷业取得突破性进展，景德镇窑青花、釉里红、卵白釉等品种的创烧成功，使瓷器生产达到一个新的高度。外销瓷领域比宋代更为扩大，区域遍及东亚、东南亚、南亚、西亚、中东和东非等地。元朝灭宋之际，已开始着手接管对外贸易事务，于至元十四年（1277 年）"立市舶司一于泉州，令忙古觯领之。立市舶司三于庆元、上海、澉浦，令福建安抚使杨发督之"。至元十六年（1279 年）统一中国之后，素有重商传统的蒙元统治者依托空前辽阔的疆域，使海外贸易继续保持鼎盛发展的势头。汪大渊的《岛夷志略》中就提到我国瓷器出口到日本、菲律宾、印度、越南、马来西亚等五十多个国家、地区。元代外销瓷最为显著的特征是青花瓷的外销，日本的冲绳、福井和印度德里等地出土了元青花碎片；东南亚菲律宾等地也有青花碗碟等小件器出土，质地较为粗糙。西亚、中东等地的元青花一般都是非常精美的大件器，如伊朗阿德比尔神庙和土耳其托普卡比宫都珍藏有大量的元青花（图149、150），都是国内难得一件的珍品。东非埃及的福斯塔特遗址、肯尼亚、

图149 元 景德镇窑青花八方葫芦瓶（土耳其托普卡比宫博物馆藏）

索马里等沿海港口和岛屿也出土大量中国瓷器碎片。除了青花之外，还有龙泉窑、景德镇窑、磁州窑等其他风格的产品。如 20 世纪 70 年代在朝鲜半岛新安海底沉船中就打捞出两万余件中国瓷器，其中龙泉窑青瓷超过 12,000 件（图 151），景德镇窑青白瓷有约 5,000 件（图 152）。宋元时期，东南沿海诸省为适应海外贸易建立了众多瓷窑，方便了瓷器的运输，节省了成本。

宋元时期，生产外销瓷器比较

图150　元　景德镇窑青花扁壶（伊朗国立考古博物馆藏，原藏阿德比尔神庙）

图151　元　龙泉窑青釉八卦纹三足炉（来自韩国新安海底沉船）

图152　元　景德镇窑青白釉贴花双耳瓶（来自韩国新安海底沉船）

著名的窑场是景德镇窑和龙泉窑。宋代的景德镇大量生产青白瓷，多数是湖田窑、湘湖窑制品。釉色白中带青，青中泛白，风格独特。青白瓷多销往东亚和东南亚各国，器形有碗、盘、水注、盒子等小件器皿。主要输出路线是经鄱阳湖由长江出海至明州，跨越东海，到达日本、朝鲜等国。这种大规模的青白瓷的输出直到元代仍在继续。元代成熟青花出现以后，销往西亚和中东地区，这些青花多为大盘和大瓶，采用进口青料，色泽艳丽，层次丰富。存世于伊朗、土耳其等地的元青花成为鉴别断代的标准器。元青花在西亚、中东的盛行与当地的生活习俗和审美趣味有很大的关系，其造型和纹饰借鉴了当地的风格。在一些伊朗的 15 世纪细密画上可以看到当地人们用青花器皿盛放食物和饮料的形象（图 153、154）。

宋元时期龙泉窑青瓷迅速崛起，取代越窑成为外销市场上的畅销品种。《岛夷志略》中提到的"处州磁器""处器"就是指龙泉窑产品。新安海底沉船打捞的两万多件瓷器中，有一万多件是龙泉青瓷；日本镰仓海岸也出土许多龙泉瓷器的碎片。此外，浙江、福建沿海等地生产的龙泉窑类型青瓷产品也用于外销。

三　明清时期瓷器的外销

明清时期瓷器制造业继续发展，特别是景德镇御窑厂设立后，不惜成本生产宫廷用瓷，在质量上精益求精，不断取得新的突破，新品

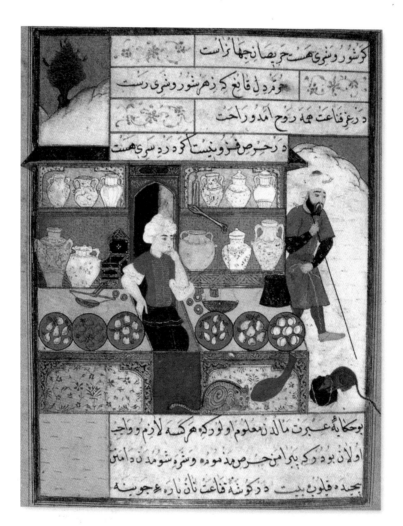

图153 15世纪 伊朗细密画中商贩出售中国瓷器的场景

图154　15世纪　伊朗细密画中宫廷宴席使用中国青花瓷的场景

种层出不穷。元代出现的青花、釉里红在明代早期进一步发展，烧制技术上逐渐成熟，呈色更稳定。官窑的兴盛带动了民窑的发展，明代中晚期民窑青花的生产兴旺发达，在满足国内需求的基础上，大量输往世界各地，明代的外销瓷市场进一步繁荣。明代瓷器外销主要有四种途径，一是明朝政府对于外国首脑、使节的馈赠；二是各国使节入贡，回国时带回去的贸易品；三是郑和下西洋时进行的贸易；四是民间海外贸易。明初洪武年间一度实行海禁，海外贸易受到一定的打击，但是瓷器输出通过朝贡贸易从来没有停止过。永乐、宣德年间郑和七次下西洋，为远洋贸易提供了新一轮的契机。正德年间，开始出现适应西方市场需要的瓷器，接受预订生产有贵族家族纹章的专用瓷器（图155）。嘉靖、万历时期按照欧洲的需要生产专门的餐具，大量销往欧洲。与此同时，输往亚、非等地瓷器也与日俱增。《明史》《大明会典》《瀛涯胜览》等文献中有很多相关的

图155　明正德 景德镇窑为葡萄牙王室定烧的青花纹章执壶

图156 明晚期 漳州窑红绿彩人物图盘

图157 明晚期 青花花篮纹盘

记载。从现在已发现的材料看，明代中国瓷器特别是青花瓷器几乎遍及亚非欧美各洲，伊朗、土耳其等地大型博物馆中都藏有中国明代瓷器。东非埃及福斯塔特遗址、索马里和埃塞俄比亚交接的古城废墟中都发现过13～16世纪的中国瓷片。这些外销瓷中，除了景德镇官窑和民窑生产的青花器外，还有福建、广东等地的粗质日用器。此时也出现了很多对于外销瓷特殊的称呼，如"汕头瓷"（图156）、"芙蓉手"（图157）、"克拉克瓷"、"祥瑞瓷"等。

17世纪正是明清两代朝代更迭时期，政局动荡，景德镇御窑厂基本停止生产，大批优秀工匠进入民间窑场，使民窑瓷器的质量和产量突飞猛进，大量瓷器输往欧洲、亚洲广大市场，遂形成一个中国瓷器贸易的高潮。每年运往欧洲的瓷器高达数百万件。许多国家在广州设置了贸易机构，派船舶进入广州，直接运送瓷器到欧洲。中国瓷器在欧洲已经成为日用品，在上层贵族之间，优质的中国瓷器成为炫耀财富的主要手段。中国瓷器的装饰艺术在这一时期也风靡欧洲上层社会，当时欧洲大多数国家都非常喜欢用中国瓷器作装饰。与此同时，中国生产的瓷器无论在造型还是纹饰上迎合输出地的需要，如欧洲盛行的油醋瓶（图158）、水果篮（图159）、郁金香花（图160）以及西洋帆船（图161）等形象均出现在外销的瓷器上。

清代，国外市场对中国瓷器就显示出极大的需求。中国政府的赐赠和民间的对外贸易成为瓷器外销的两大方式。除了日本、朝鲜等东亚、东南亚国家外，美洲、澳洲等国也通过各种途径购买中国瓷器。18世纪，民窑瓷器的外销并没有因为御窑厂的恢复和发展而萎缩。尽管18世纪下半叶欧洲法、德、意、英及奥地利等国都开始仿造中国瓷器，对外销瓷造成一定的冲击。但是欧洲的瓷器生产成本高，价格十分昂贵，而中国瓷器能够适应欧洲人的生活和装饰需要生产，价格相对较低，还是有着很强的竞争力。很多地方出现了经销和承接委托定制中国瓷器的专门商店。当时出现的餐具和咖啡具等器形都是根据国外市场需要（图162），按照订货合同特地生产的。在装饰图案上也迎合欧洲人的

图161 清康熙 景德镇窑青花帆船图盘

图158 清康熙 景德镇窑青花油醋瓶

图159 清康熙 景德镇窑青花带托果篮

图160 明崇祯 景德镇窑青花人物故事图
葫芦瓶局部（口沿下有郁金香花）

图162 18世纪 景德镇窑粉彩外销餐具

品味，如静物画、人物像、纹章（图163）和圣经故事等。清代，中国和西方各国贸易集中在广州。乾隆二十四年（1759年）以后，广州成为唯一的贸易港口。欧洲各国都先后成立东印度公司，直航广州，与中国进行茶叶、丝绸、瓷器等贸易，贸易中茶

图163 18世纪 景德镇窑粉彩纹章盘

叶和瓷器所占比重最高。18世纪，欧洲各东印度公司中，英国东印度公司与中国的贸易最为持久稳定。在1729～1793年间，英国来华商船共计612艘，远远高于其它国家，瓷器贸易总量亦居欧洲榜首。其次是荷兰东印度公司。1730～1789年荷兰运至欧洲的瓷器总量，约4250万件。欧洲其他设立专门做中国贸易的东印度公司的还有瑞典、法国等国家。1745年9月12日，瑞典东印度公司的远洋船哥德堡号装载了中国的丝绸、茶叶和瓷器从广州归来，在马上要进入哥德堡港时偏离了航线，驶进了著名的"汉尼巴丹"礁石区触礁，在倾斜中下慢慢沉没。附近船只迅速赶来救援，但一切已经无法挽回。1986年开始打捞哥德堡号。整整六年的海底发掘工作结束时，潜水员们总共找到了500件完整的瓷器（图164），还有近8吨重的破碎瓷片。这些瓷器全部是景德镇生产的青花瓷器。

明清时期最有名的外销瓷生产地是景德镇窑和德化窑。明代景德镇民窑青花的外销量十分巨大，优劣杂糅，主要通过民间贸易的途径流通到海外市场。明晚期到清代接受订货，开始大批量生产，通过中介商或直接销往欧洲等地，并形成了固定的风格。德化窑白瓷宋元时期便开始用于外贸，享有"中国白"的美称。明清时期开始生产青白瓷和青花，主要销往东南亚各国。此时的外销瓷中最有特色的当属"广彩"。由于清朝廷只允许欧洲商贾在广州互市，我国商人便在景德镇烧造白瓷，运到广州后请工匠按照西洋画法进行彩绘，制成釉上

图164　清乾隆 景德镇窑青花把杯（来
自瑞典"哥德堡号"沉船）

图165　清乾隆 景德镇窑广彩
人物图执壶

彩瓷。这种瓷器在纹饰上采用西方形式，布局上多在中心绘主体纹
饰，周围满绘地纹，对称排列开光，开光内再填其他纹饰，主次分
明，对比强烈，色彩上大红大绿，多用金彩，显得十分华丽，具有很
强的装饰性（图165）。

四　中外制瓷技术的相互交流

　　瓷器的外销也促进了国内外陶瓷技术的相互交流。中国瓷器精湛
的制造技术随之传到的世界各地，特别是欧洲，对当地的瓷器生产产
生巨大的影响。同时中国也从国外获得物质技术和艺术风格上的借鉴，
造型、釉色装饰上更加丰富多彩。

　　在唐代频繁的对外交往中，中国将西亚蓝彩中以氧化钴着色的技

术引入国内，引进原料，创烧了最早的白地蓝彩瓷器——青花。典型元代青花及明代永乐、宣德时期的青花瓷也主要是用进口的苏麻离青来发色的，正德、嘉靖时期的青花所用的回青料也是从域外进口的。造型上，唐代的花口碗就是模仿波斯等地的金银器、明代的花浇、八角烛台等也是借鉴了西亚、中东等地的艺术风格。清代珐琅彩瓷器工艺是从欧洲引入的铜胎画珐琅工艺所借鉴的，一些低温釉如胭脂红、锑黄等呈色剂也来自于西方。

青瓷烧制技术从 13 世纪起就传入朝鲜半岛。明代开始青花瓷技术向外传播，朝鲜于 15 世纪烧成了的青花瓷，越南也在这一时期请我国的制瓷工匠前往烧制青花瓷。明代后期，日本也开始大批制作青花瓷，这主要得益于天启时代的青花瓷定货和所谓"祥瑞"瓷。16 世纪初中国制瓷工匠进入波斯，开始烧造瓷器，并影响到周边地区。14、15 世纪埃及也用本国的原料仿制中国青花瓷，阿拉伯人学会中国造瓷技术后，将其传播到传到意大利，荷兰等地，对当地蓝彩软质瓷器（精陶）的出现起了巨大的作用（图 166）。

图166　17世纪 荷兰代尔夫德青花盘

结语

　　源于生活而高于生活，这是大多数艺术品所具有的一项重要特质。陶与瓷伴随着人类从古代走到了现在。陶是世界性的，而瓷则是中国人的发明。瓷器和瓷器的烧造实践，深刻地影响了中国人的社会生活，也广泛地影响了整个世界。它的技术蕴涵和人文风采，提示了人类文明程度的历史高度，也在传播中激励人类文明水平的提高。中国瓷器的发明和发展，不仅方便了人们的生活，它的温润、洁净、雅致更给了我们美的享受。精美的中国瓷器沿着唐代发端的"陶瓷之路"源源外输，让世界人民分享了文明中国的创造，也促进了国家和民族间的友好往来与经济、文化交流。我们今天带着崇敬的目光去认识辉煌的历史、认识先民的伟大创造，了解我国工艺技术的卓绝成就，相信在收获知识的同时，更能赢得一份自豪。

参考文献

中国硅酸盐学会：《中国陶瓷史》，文物出版社，1982 年。

国家文物局：《中国文物精华大辞典·陶瓷卷》，商务印书馆（香港）、上海辞书出版社，1995 年。

汪庆正：《简明陶瓷词典》，上海辞书出版社，1989 年。

李家治：《中国科学技术史·陶瓷卷》，科学出版社，1998 年。

中国科学院上海硅酸盐研究所：《中国古陶瓷研究》，科学出版社，1987 年。

张福康：《中国古陶瓷的科学》，上海人民美术出版社，2000 年。

汪庆正等：《上海博物馆——中国·美的名宝》，日本放送出版协会、上海人民美术出版社，1991 年。

上海博物馆：《上海博物馆藏康熙瓷图录》，上海博物馆、两木出版社，1998 年。

中国陶瓷全集编辑委员会：《中国美术分类全集·中国陶瓷全集》，上海人民美术出版社，2000 年。

故宫博物院：《故宫博物馆藏文物珍品全集》，商务印书馆，1996 年。

汪庆正：《越窑、秘色瓷》，上海古籍出版社，1996 年。

朱伯谦：《龙泉窑青瓷》，艺术家出版社，1998 年。

浙江省文物考古研究所等：《龙泉大窑枫洞岩窑址》，文物出版社，2015 年。

北京艺术博物馆：《中国古陶瓷大系——中国定窑》，中国华侨出版社，2012 年。

三上次男：《陶瓷之路》，文物出版社，1984 年。

江西省文物考古研究所等：《景德镇南窑——考古发掘与研究》，科学出版社，2015 年。

北京市文物局：《托普卡比宫的中国瑰宝——中国专家对土耳其藏元青花的研究》，北京燕山出版社，2003 年。

上海博物馆：《幽蓝神采——元代青花瓷器特集》，上海书画出版社，2012 年。

上海博物馆：《幽蓝神采——2012 年上海元青花国际学术研讨会论文集》，
    上海古籍出版社，2015 年。

江西省文物考古研究所等：《景德镇湖田窑址——1988～1999 年考古发掘
    报告》，文物出版社，2007 年。

陕西省考古研究所、耀州窑博物馆：《宋代耀州窑址》，文物出版社，1998 年。

"国立中央博物馆"：《新安海底文物》，三和出版社，1981 年。

座右宝刊行会：《世界陶瓷全集》，株式会社 小学馆，昭和 51 年。

世界美术大全集编集委员会：《世界美术大全集·东洋编》，小学馆，1999 年。

汪庆正、范冬青、周丽丽：《汝窑的发现》，上海人民美术出版社，1987 年。

长沙窑编辑委员会：《长沙窑·作品卷（1）》，湖南美术出版社，2004 年。

台北故宫博物院：《故宫宋瓷图录·汝窑、官窑、钧窑》，株式会社学习研
    究社，1973 年。

王云五：《万有文库·宣和奉使高丽图经》，商务印书馆，1937 年。

大阪市立东洋陶瓷美术馆：《宋磁展》，朝日新闻社，1999 年。

首都博物馆：《首都博物馆藏瓷选》，文物出版社，1991 年。

扬州博物馆、扬州文物商店：《扬州古陶瓷》，文物出版社，1996 年。

中国社会科学院考古研究所等：《南宋官窑》，中国大百科全书出版社，1996 年。

杭州市文物考古所：《杭州老虎洞窑址瓷器精选》，文物出版社，2002 年。

慈溪市博物馆：《上林湖越窑》，科学出版社，2002 年。

孙新民等：《河南古代瓷窑》，"国立历史博物馆"，2002 年。

炎黄艺术馆：《景德镇出土元明官窑瓷器》，文物出版社，1999 年。

陕西省考古研究所：《五代黄堡窑址》，文物出版社，1997 年。

福建省博物馆：《德化窑》，文物出版社，1990 年。

广东省博物馆：《广彩瓷器》，文物出版社，2001 年。

上海博物馆：《雪域藏珍》，上海书画出版社，2001 年。

法门寺考古队：《法门寺地宫珍宝》，陕西人民美术出版社，1989 年。